京華通覽

历史文化名城

主编/段柄仁

北京的饮食

潘惠楼/编著

北京出版集团公司
北京出版社

图书在版编目（CIP）数据

北京的饮食 / 潘惠楼编著. — 北京 ：北京出版社，2018.3
（京华通览）
ISBN 978-7-200-13430-8

Ⅰ. ①北… Ⅱ. ①潘… Ⅲ. ①饮食—文化—介绍—北京 Ⅳ. ①TS971.202.1

中国版本图书馆CIP数据核字（2017）第266351号

出版人　曲　仲
策　划　安　东　于　虹
项目统筹　董拯民　孙　菁
责任编辑　孙　菁　刘益凡
封面设计　田　晗
版式设计　云伊若水
责任印制　燕雨萌

北京的饮食
BEIJING DE YINSHI
潘惠楼　编著
*
北京出版集团公司
北　京　出　版　社　出版
（北京北三环中路6号）
邮政编码：100120
网　址：www.bph.com.cn
北京出版集团公司总发行
新　华　书　店　经　销
天津画中画印刷有限公司印刷
*
880毫米×1230毫米　32开本　8.625印张　177千字
2018年3月第1版　2022年11月第3次印刷
ISBN 978-7-200-13430-8
定价：45.00元

如有印装质量问题，由本社负责调换

质量监督电话：010-58572393

《京华通览》编纂委员会

主　任　段柄仁

副主任　陈　玲　曲　仲

成　员　（按姓氏笔画排序）

于　虹　王来水　安　东　运子微

杨良志　张恒彬　周　浩　侯宏兴

主　编　段柄仁

副主编　谭烈飞

《京华通览》编辑部

主　任　安　东

副主任　于　虹　董拯民

成　员　（按姓氏笔画排序）

王　岩　白　珍　孙　菁　李更鑫

潘惠楼

序

PREFACE

擦亮北京“金名片”

段柄仁

北京是中华民族的一张“金名片”。“金”在何处？可以用四句话描述：历史悠久、山河壮美、文化璀璨、地位独特。

展开一点说，这个区域在70万年前就有远古人类生存聚集，是一处人类发祥之地。据考古发掘，在房山区周口店一带，出土远古居民的头盖骨，被定名为“北京人”。这个区域也是人类都市文明发育较早，影响广泛深远之地。据历史记载，早在3000年前，就形成了燕、蓟两个方国之都，之后又多次作为诸侯国都、割据势力之都；元代作为全国政治中心，修筑了雄伟壮丽、举世瞩目的元大都；明代以此为基础进行了改造重建，形成了今天北京城的大格局；清代仍以此为首都。北京作为大都会，其文明引领全国，影响世界，被国外专家称为“世界奇观”“在地球表面上，人类最伟大的个体工程”。

北京人文的久远历史，生生不息的发展，与其山河壮美、宜生宜长的自然环境紧密相连。她坐落在华北大平原北缘，“左环沧海，右拥太行，南襟河济，北枕居庸”“龙蟠虎踞，形势雄伟，南控江淮，北连朔漠”，是我国三大地理单元——华北大平原、东北大平原、内蒙古高原的交会之处，是南北通衢的纽带，东西连接的龙头，东北亚环渤海地区的中心。这块得天独厚的地域，不仅极具区位优势，而且环境宜人，气候温和，四季分明。在高山峻岭之下，有广阔的丘陵、缓坡和平川沃土，永定河、潮白河、拒马河、温榆河和蓟运河五大水系纵横交错，如血脉遍布大地，使其顺理成章地成为人类祖居、中华帝都、中华人民共和国首都。

这块风水宝地和久远的人文历史，催生并积聚了令人垂羡的灿烂文化。文物古迹星罗棋布，不少是人类文明的顶尖之作，已有 1000 余项被确定为文物保护单位。周口店遗址、明清皇宫、八达岭长城、天坛、颐和园、明清帝王陵和大运河被列入世界文化遗产名录，60 余项被列为全国重点文物保护单位，220 余项被列为市级文物保护单位，40 片历史文化街区，加上环绕城市核心区的大运河文化带、长城文化带、西山永定河文化带和诸多的历史建筑、名镇名村、非物质文化遗产，以及数万种留存至今的历史典籍、志鉴档册、文物文化资料，《红楼梦》、“京剧”等文学艺术明珠，早已成为传承历史文明、启迪人们智慧、滋养人们心灵的瑰宝。

中华人民共和国成立后，北京发生了深刻的变化。作为国家首都的独特地位，使这座古老的城市，成为全国现代化建设的领头雁。新的《北京城市总体规划（2016年—2035年）》的制定和中共中央、国务院的批复，确定了北京是全国政治中心、文化中心、国际交往中心、科技创新中心的性质和建设国际一流的和谐宜居之都的目标，大大增加了这张“金名片”的含金量。

伴随国际局势的深刻变化，世界经济重心已逐步向亚太地区转移，而亚太地区发展最快的是东北亚的环渤海地区、这块地区的京津冀地区，而北京正是这个地区的核心，建设以北京为核心的世界级城市群，已被列入实现“两个一百年”奋斗目标、中国梦的国家战略。这就又把北京推向了中国特色社会主义新时代谱写现代化新征程壮丽篇章的引领示范地位，也预示了这块热土必将更加辉煌的前景。

北京这张“金名片”，如何精心保护，细心擦拭，全面展示其风貌，尽力挖掘其能量，使之永续发展，永放光彩并更加明亮？这是摆在北京人面前的一项历史性使命，一项应自觉承担且不可替代的职责，需要做整体性、多方面的努力。但保护、擦拭、展示、挖掘的前提是对它的全面认识，只有认识，才会珍惜，才能热爱，才可能尽心尽力、尽职尽责，创造性完成这项释能放光的事业。而解决认识问题，必须做大量的基础文化建设和知识普及工作。近些年北京市有关部门在这方面做了大量工作，先后出版了《北京通史》（10卷本）、《北京百科全书》（20卷本），各类志书近900种，以及多种年鉴、专著和资料汇编，等等，为擦亮北京这张“金名片”做了可贵的基础性贡献。但是这些著述，大多是服务于专业单位、党政领导部门和教学科研人员。如何使其承载的知识进一步普及化、大众化，出版面向更大范围的群众的读物，是当前急需弥补的弱项。为此我们启动了“京华通览”系列丛书的编写，采取简约、通俗、方便阅读的方法，从有关北京历史文化的大量书籍资料中，特别是卷帙浩繁的地方志书中，精选当前广大群众需要的知识，尽可能满足北京人以及关注北京的国内外朋友进一步了解北京的历史与现状、性质与功能、特点与亮点的需求，以达到“知北京、爱北京，合力共建美好北京”的目的。

这套丛书的内容紧紧围绕北京是全国的政治、文化、国际交往和科技创新四个中心，涵盖北京的自然环境、经济、政治、文化、社会等各方面的知识，但重点是北京的深厚灿烂的文化。突出安排了“历史文化名城”“西山永定河文化带”“大运河文化带”“长城文化带”四个系列内容。资料大部分是取自新编北京志并进行压缩、修订、补充、改编。也有从已出版的北京历史文化读物中优选改编和针对一些重要内容弥补缺失而专门组织的创作。作品的作者大多是在北京志书编纂中捉刀实干的骨干人物和在北京史志领域著述颇丰的知名专家。尹钧科、谭烈飞、吴文涛、张宝章、郗志群、姚安、马建农、王之鸿等，都有作品奉献。从这个意义上说，这套丛书中，不少作品也可称“大家小书”。

总之，擦亮北京“金名片”，就是使蕴藏于文明古都丰富多彩的优秀历史文化活起来，使充满时代精神和首都特色的社会主义创新文化强起来，进一步展现其真善美，释放其精气神，提高其含金量。

2017 年 11 月

目录

CONTENTS

概　述

北京饮食业，按经营类型划分，有中餐馆、西餐馆、酒馆、茶馆等。中餐馆又分汉民馆、清真馆，二者都有饭庄、饭馆、饭铺和饭摊。菜肴的风味有宫廷菜、官府菜、北京菜、外地菜和西餐。

北京饮食，最早可追溯到公元前11世纪的周初。周王封召公奭于燕时，铭文记载，匽侯向召公奉献过美食。《周礼·地官·遗人》记载，西周时“凡国之道，十里有庐，庐有饮食。三十里有宿，宿有路室，路室有委。五十里有市，市有候馆，候馆有积”。路室和候馆是不同规模的旅馆。委与积是存放货物的库房或货棚。战国时代，蓟为燕国都城。《史记·刺客列传》记载，荆轲“日与狗屠及高渐离饮于燕市”。金朝酒楼甚多，贵族官僚于此寻欢作乐，歌舞宴饮，夜以继日。

清朝，皇室、权贵、豪富在饮食上追求美味，宫廷菜肴、烹调技术达到世界一流。光绪年间，慈禧的寿膳房有100个炉灶，每次用膳有 120 个菜点。大臣们经常大办筵席，吃喝之风盛行。京城“堂”字号大饭庄迅速发展，从乾隆时的4家增加到33家。“堂”字号大饭庄可举办几十桌、上百桌的大型宴会。有的“堂”字号大饭庄原是亲王府第、京中名园，有戏台和花园，可听戏、观光游览。西方的物质文明开始影响饮食服务业。京城出现外国人开办的西餐馆，有吉士林（德国）、长春亭（日本）、有名馆（日本）等。外国人开办的饭店、宾馆有北京饭店（法国）、六国饭店、朱诺饭店（德国）、格劳布饭店（英国）、扶桑馆（日本）、华东客栈（日本）等。

民国时期，餐馆、酒馆、茶馆数量增加，质量提高。高级饭庄著名的有“八大堂”。高档餐馆有“八大楼”“八大居”“八大春”、玉华台（淮扬风味）、五芳斋（上海风味）、森隆（江苏风味）等，以东兴楼最出名。中档餐馆有谭家菜餐馆、仿膳饭庄、天兴居等名店。低档的餐馆为饭铺，分大、中、小三类。餐馆中数量最多的是经营规模小、设备简陋的饭摊，其中东安市场内的爆肚王、厂甸的豆汁张、后门桥的灌肠、大栅栏的褡裢火烧等有名。西餐馆增加较多，有西餐店、咖啡馆、面包房等，西餐名店有前门廊房二条的撷英番菜馆、宣内大街的益昌番菜馆、东安市场内的吉士林西餐馆等，咖啡馆较有名的是清真福生食堂、来今雨轩等。

酒业分为官酒店、京酒店和黄酒店。官酒店是北京白酒的批发总站，在崇文门外磁器口一带，共有18家。京酒店以售白酒为主，兼售黄酒、露酒，分为酒馆、酒铺（小酒店）、酒摊（酒座）、大酒缸、药酒店等。酒馆除卖酒外，还卖酒菜（凉菜）、面食，有的还兼营炒菜，如正阳楼、都一处、致美斋等。有的既卖酒又卖茶，叫“茶酒馆”，有名的是什刹海北河沿的集香居。酒铺的经营规模小，经营品种少，价钱便宜。名店有大栅栏东口的同丰酒店、北新桥报恩寺胡同口外的“恒聚永”酒店等。酒摊是酒业中最小的经营单位，一般是支个棚子，放几个凳子，酒客都是劳动人民。大酒缸以经营白酒为主，也卖黄酒。药酒店卖用各种药材、花果在白酒中炮制或熏蒸酿造而成的露酒。黄酒店专卖黄酒，有南黄酒、内黄酒、京黄酒、仿黄酒、西黄酒 5 种。

茶馆在北洋政府时很兴旺，茶楼所在街巷车水马龙。民国十七年（1928 年）国都南迁后，茶楼衰落。随着中山公园和北海公园对外开放，公园的茶座兴旺起来，有名的茶座是来今雨轩、春明馆、漪澜堂、道宁斋和仿膳茶社等。市面上还出现了数量不多，但有经营特色的清茶馆、书茶馆、棋茶馆、野茶馆、武术茶馆、茶饭馆（二荤铺）等。

1949 年中华人民共和国成立后，北京市人民政府根据国家关于“公私兼顾，劳资两利”的政策，对饮食行业进行扶植，有的实行公私合营。经过三年经济恢复时期，私营饮食中的中小企业绝大部分有了发展。1956 年 1 月，实现全行业公私合营。个体劳动者经营的小型企业，大多数都组成了合作商店或合作小组。当时由于认识的局限性，把饮食业看成社会福利行业，长期实行低价供应，企业不堪重负，饮食服务业逐渐衰落、市场萎缩。在饮食行业的社会主义改造中考虑企业经营特点不够，采取小点并大点、不便管理的就撤点的做法，造成营业点减少，经营品种单调，服务质量下降，出现群众走远道排长队、生活不便情况。

1958年"大跃进"时期，饮食行业开展"比（先进）学（先进）赶（先进）帮（后进）超（先进）"的红旗竞赛和技术革新、技术革命运动。不少工种实现机械化、半机械化和自动化、半自动化，减轻了劳动强度，提高了劳动效率，增加了企业利润。但受"左"的思想影响，追求单一公有制，对小商贩搞升级过渡，大量撤并营业网点，大批精减人员。群众生活出现"吃饭难"。国民经济调整时期，按照"调整、巩固、充实、提高"的方针，饮食业增加营业网点、缩小企业规模、调整经营方式、搞好市场安排供应，扭转了被动局面，情况好转。"文化大革命"时期，饮食行业取消合作商店、合作小组和个体户，取消计件工资和奖励工资，挫伤了职工积极性；营业网点、从业人员、服务项目减少；取消了优良服务制度，服务质量下降，废止服务到桌、饭后结账，一切由顾客自端、自取、自算账、自己刷碗、自我服务，服务员变成了指挥员。饮食行业全面倒退。

中共十一届三中全会后，北京市的饮食业实行改革开放，逐步走上社会主义市场经济轨道。1979年4月，中共北京市委、北京市人民政府提出"国营、集体、个体一起上"、大力发展第三产业的方针，要求各方面纠正轻视集体、排斥个体的"左"的做法，鼓励扶植集体和个体经济的发展。1979年11月，北京市友谊商业服务总公司在日本东京与日本东京丸一商事株式会社合资成立北京风味餐饮业务的京和株式会社，为全市第一家境外企业。1980年10月7日，饮食业第一个个体户"悦宾饭馆"在东城区翠花胡同43号开业。同年11月4日，北京市人民政府决定允许个体户经营饮食小商品。同年12月10日，第一家西餐个体户佳乐中西餐馆在东四南大街干面胡同西口路北开业。中共北京市委、北京市人民政府对饮食企业实行“松绑放权”、利改税、推行经营责任制等改革。1982年2月19日，北京市人民政府财贸办公室决定，在商业系统前店后厂企业实行“以税代利”。1982年5月，决定在城镇小型商店实行“独立经营，自负盈亏”等大包干办法。1983年1月,北京市人民政府财贸办公室在前门、西单两条大街商业门店中进行承包经营责任制试点，1月下旬全面展开，3月底，饮食业绝大部分基层企业实行了经营责任制。

1983年4月，北京市人民政府向兄弟省、自治区、直辖市发出“欢迎来京开办名特优食品商店、风味餐馆”邀请信，北京市饮食服务总公司以及各区（县）公司主动到外地联系，通过多种方式引进外地著名风味餐馆和风味菜肴。各省、自治区、直辖市组织大批名、优、特饮食店进京，以经济技术协作、横向联营的形式，在北京市主要街道落户，有狗不理包子铺（天津）、大三元酒家（广东）、花竹餐厅（四川）、孔膳堂（山东）、功德林素菜馆（上海）、松鹤楼菜馆（江苏）、知味观饭庄（杭州）、闽南酒家（福建）、松鹤酒家（湖北）、洞庭湖春酒家（湖南）等数百家。1983年12月15日,北京市饮食服务总公司和法国皮尔·卡丹公司合作经营的北京巴黎马克西姆餐厅，是北京市第一家外商投资的餐饮企业。1987年初，北京市人民政府对商业、服务业横向经济联合作了规定，制定优惠政策。饮食业横向经济联合迅速发展，联营范围不断扩大，由同行业企业之间的联合扩展到工、农、商等不同行业、不同部门、不同所有制企业之间的联合，由市内扩展到全国；联营内容日趋广泛，包括资金、技术、产品引进、原材料供应、共同开发新服务领域和新产品等；联营形式向合资、合作开设企业，合资改造企业，开设分店分号等多样化发展。1985 年 8 月 27 日，北京市人民政府决定，对实行“全民所有，集体经营”的商业、服务业小型零售企业，原则上都要转为集体所有制，根据税后留利的实际情况，确定对国家财产转让的偿还期，职工可以在企业投资入股，实行分红，可以实行租赁制，也可以出售给集体或个人经营。1986 年，中共北京市委、北京市人民政府决定，小型企业积极推行租赁制，大中型企业进一步完善多种形式的承包经营责任制，至 1988 年，饮食服务业小型企业 90% 以上实行了租赁经营；30 多个大型企业实行了“两保一挂”（保上缴税利、保企业发展后劲，工资总额同效益挂钩）承包经营。1989 年至 1995 年，按照国务院《全民所有制工业企业转换经营机制条例》的精神，加快转换经营机制。在经营上，打破行业界限，以本业为主，拓宽领域，开展综合经营。在价格上，除国家规定的外，价格收费标准由企业自行确定。在用工制度上，进行优化劳动组合，逐步推行全员劳动合同制。在分配制度上，与企业经济效益和岗位职能挂钩，实行岗位（技能）工资、计件工资、提成工资、联销计奖、风险抵押承包等多种分配形式，企业自行确定工资水平。

至 1995 年底，北京市共批准在世界 18 个国家兴办 30 个境外饮食企业，并派出从事餐饮业的技术劳务人员。北京市共批准港澳台同胞和外商投资的餐饮类企业 577 家，合同外资额 10.7 亿美元。

20 世纪 90 年代初期，北京老字号餐饮企业开始进行连锁经营集团化探索，全聚德、便宜坊、东来顺等众多老字号品牌餐饮业集团逐渐成型，并通过连锁形式扩张。20 世纪 90 年代中后期，川、粤、湘、浙、闽、皖、鲁、苏八大菜系的名菜馆涌入北京，全国各地餐饮风味汇集京城。眉州东坡、沸腾鱼乡、麻辣诱惑、海底捞、九头鸟等逐渐成为北京餐饮品牌。北京还汇集了欧式、美式、日式、韩式等世界风味美食。2006 年和 2008 年，北京市商务局先后两次命名 40 家风味特色餐厅，涵盖了 13 个国家的美食风味。

1996 年至 2003 年，北京正餐业营业网点由 22949 个增加到 59717 个，从业人数由 136060 人增加到 213375 人。2004 年至 2009 年，北京市正餐业连锁企业总店由 28 个增加到 46 个，所属门店由 211 个增加到 793 个，从业人数由 18633 人增加到 50398 人，营业面积由 212278 平方米增加至 804938 平方米，营业收入由 22.11 亿元增加到 71.13 亿元。

2010 年，在全国餐饮百强企业中，北京的正餐企业有 26 家。

餐馆的演进

在餐馆演进的历史长河中，餐馆的形态也由初级的饭摊、饭铺，向较高级的饭馆和高级的饭庄发展，形成饭摊、饭铺、饭馆和饭庄，相互补充借鉴，共同发展的局面。

战国时期，燕都蓟城（今北京）是南北物资交流的集散地和贸易互市之区，有定期的集市，往来流动人员增加，促进了饮食业兴起，在“市”中已出现“酒肆”一类的饮食业。秦汉时期，蓟城地区与中原地区经济往来频繁，饮食业形成规模，市场上酒店和卖浆、卖饼、卖羊肚的店铺生意兴隆，有的业主财富达到“千金”。魏晋南北朝时期，蓟城地区的饮食业继续发展。北魏贾思勰所著《齐民要术》记载烹调技法有30多种。北齐谢讽的《食经》，证实蓟城地区饮食品种繁多。隋唐时期，蓟城称幽州，是多民族居住的地方，各民族烹调技术互相交流，共同发展。公元7世纪，清真食品进入幽州，契丹族的涮羊肉出现。辽代，升幽州为南京（也称燕京），饮食以畜肉（野味）为主，面食有春饼、煎饼、艾糕等品种。

金代，据《析津志辑佚》记载，金中都大悲阁后（今北京市广安门内下斜街南口处）有蒸饼市，有以黄米做枣糕者，卖烧饼的“以荆盘盛于地下，或矮桌零卖”，“复有以土做墙案，货饼食者。”“若蒸造者，以长木杆用大木杈撑住，于当街悬挂，花馒头为子。小经纪者，以蒲盒就其家市之，上顶于头上，敲木鱼而货之。”“都中经纪生活匠人等，每至晌午以蒸饼、烧饼、馇饼、软糁子饼之类为点心。早晚多便水饭。人家多用木匙，少使箸，仍以大乌盆木勺就地分坐而共食之。菜则生葱、韭蒜、酱、干盐之属。”金中都城内有酒楼30余处。其中，官方开设的平乐楼，设有花园，还有歌舞演出，供酒客观赏。

元代，大都午门外酒楼林立，各种菜点饮品常有百余种。通州的糟房酒楼，年用米粮 1 万多石。酒楼室内常置有可装数百斤乃至千余斤的“酒海”。杯用大斗，肉上整块，一次大宴会往往长达四五个小时，并辅以唱歌、竞武等游戏，有时干脆将酒筵设于野外，骑射奔逐，不醉不休。元代市场上面点铺，品种丰富，《朴通事》一书记载，大都午门外的店铺里出售的羊肉馅馒头、素酸馅烧卖、扁食、水晶角儿、麻泥汁经卷儿、软肉薄饼、煎饼、水滑经带面、象眼棋子、芝麻烧饼等有十多个品种。许有壬在《至正集·如舟亭燕饮诗后序》中写道：“京城食物之丰，北腊西酿，东腥南鲜，凡绝域异味，求无不获。”长期生活在大都的马祖常在描述酒肆饭馆食物之丰盛时，作诗云：“贾区紫贝粲，酒炉银瓮铄。泼刺鲙翻砧，郭索蟹就缚。”元代延祐至天历年间（1314—1330 年）任饮膳太医的蒙古族人忽思慧，撰写《饮膳正要》汇编了元代宫廷御膳中的珍馐和食疗菜谱，其中“聚珍异馔”一节所列菜肴做法 94 例，均为元宫御膳之精华。元代宫廷御厨最负盛名的全羊席有菜肴 120 种，点心 16 种，分四道上菜，菜名不同，虽都是羊肉，但不露一个“羊”字。

明代饮食，出现生汆、熟汆、盐酒烧、酱烧、蒜烧、清烧、酱烹、盐酒烹等技法。明宫里的面食品有八宝馒头、攒馒头、蒸卷、椒盐饼、豆饼、芝麻烧饼、如意饼、金银茶食、枣糕、剪头面、鸡蛋面等一两百种；米食有粳米、粟米、稷米等。菜肴有烧鹅、烧鸡、烧鸭、烧猪、冷切羊肉片、炒羊肚、猪灌肠、套肠、羊双肠、猪里脊肉、炸鱼、炸铁脚雀、卤煮鹌鹑、烩羊头、鹅肫掌、天花羊肚菜、炙蛤蜊、炒鲜虾、田鸡腿、笋鸡脯、海参、鲍鱼、鲨鱼翅、肥鸡、猪蹄筋、爆腌鹅鸡、雄鸭腰子、爆炒羊肚、麻辣兔、糟腌猪蹄尾、炙羊肉、清蒸牛乳白、酒糟蚶、糟蟹、炸银鱼、醋熘鲜鲫鱼等。明成祖迁都北京，从南方迁调大批厨师北上。以后，随着漕运和江、浙、闽京官的增加，南方厨师、山东厨师进京逐年增加。南北菜肴风味的交流，烹饪技术中心渐移北京，在繁华地区和交通要道出现许多饮食店。

清朝初期至中叶，朝廷大官鲁人居多。为适应需要，许多山东人来京经营饭馆,以“堂”“楼”为字号的饭馆多为山东人开设，山东菜在饮食市场占有较大优势。清朝末期至民国 20 年代，南方人在京做官增多，南方各大菜系也都涌向北京，江苏风味、四川风味、广东风味等地方风味菜逐渐增加。北京饮食菜系增加到 20 个左右，囊括全国重要的菜系和流派。

中华人民共和国成立后，迁入、引进众多的国内外名店名菜名点，北京饮食市场出现全国各省、自治区、直辖市的菜系和外国风味菜。

饭 摊

饭摊是饮食业最初、最小的经营单位。饭摊分两类：一是固定的，称为坐商；二是流动的，称为行商。坐商在京城内外的市场、庙会、主要大街两旁的交通要道上定点经营；行商采用推车、挑担、提篮、挎襻、扛筐、背柜的形式经营。民国时期，北平饭摊经营的小吃品种有 200 多个，其中 100 多种是经常经营，50 多种是每天经营，还有 20 多种名牌小吃是由著名饭摊创制、经营。名牌小吃是由创名牌的摊主经过数十年的苦心经营，在不断改进工艺流程和提高操作技术后，提高了质量、得到市民公认的优质小吃。名牌小吃以豆汁、灌肠、爆肚等最为常见。

1955 年，北京饮食业中有小商店 2481 户，摊商 5103 个，占当年饮食业总户数 8620 户的 88%。小商贩和摊商绝大多数不雇工人，有少数商贩雇一两个工人，也是以自己参加劳动为主。1956 年公私合营，国家根据饭摊实际情况，分别组织成立了合作商店和合作小组，实在组织不起来的，允许单干。西城区阜成门外地区和东城区东单地区的饮食业合作商店试点，将阜成门外地区的 34 个饮食店、摊（共 49 人）和东单地区的 20 个饮食摊（54 人，其中回民 14 人）分别组成合作食堂。到年底，全市大部分小摊贩组成共负盈亏的合作商店和自负盈亏的合作小组，部分个体经营者，也都归口管理。全市饮食业有合作商店149户2600人，合作小组274户6801人，个体户250户347人。1958年，在“大跃进”时期，追求单一的全民所有制，对小商贩组成的合作商店、合作小组实行撤并网点、精减人员。有的直接撤点，有的小店并成大店、专业店并成综合店，有的“一步登天”，即把小商贩并入国营或公私合营企业中。三年经济困难时期（1960年下半年至1963年上半年），贯彻“调整、巩固、充实、提高”的方针，针对网点不足、规模过大、类型不清、等级混乱、经营不灵活等情况，采取退出小商贩的办法，把1958年以来升级的小商贩，从国营、公私合营企业中退出，重新组织合作商店、合作小组，恢复连家铺和街头饭摊。1965年，饮食业有合作商店208户1424人，合作小组56户72人，个体户40户40人。“文化大革命”期间，视合作商店、合作小组和个体户为“资本主义残余”，决定取消，首先取消个体户。1976年，饮食服务业的合作小组被取消，剩下的合作商店按国有企业管理办法管理。

1978年中共十一届三中全会后，国家明确指出：“个体经济是社会主义公有制经济的不可缺少的补充，在今后一个相当长的历史时期内都将发挥积极作用，应适当发展。”并提出，发展国民经济需要“国营、集体、个体一起上”。北京个体饮食业如遇春风雨露，迅速发展。1980年，有证照的个体饮食户发展为131户192人，1985年发展为5245户11319人。1987年，饮食业个体户增至6266户18244人，其中坐商4473户，摊商1793户。摊贩们活跃在大街小巷中，或商场内、饭店门前。其点小分散，接近群众，方便顾客，供应及时，成为缓解群众吃饭难，特别是吃早点难的一支生力军。但也存在扰乱秩序、破坏环境、食品不卫生、卖高价、以次顶好、以假乱真、缺斤少两等问题。20 世纪 80 年代起，对摊贩市场多次整顿，取消无照经营摊贩。1990 年，北京饮食业个体户有 11035 户 26497 人。

80 年代末，北京组织 30 多个风味小吃市场。 1989 年 8 月 10 日，东城区首先在南河沿华龙街开办夜市，经营的中式小吃有艾窝窝、豌豆黄、麻团、豆面糕、豆汁、杏仁豆腐、冰糖莲子、羊肉杂面、朝鲜烤肉、朝鲜冷面、四川凉面、天津桂发祥的大麻花以及姜汁冰激凌等数十种。经营的西式食品有美式炸猪排、意大利馅饼、意大利面条等。8 月 18 日，东四的清真饭庄瑞珍厚在门前空地开办夜市，营业时间是 19 点至 22 点，经营的主要品种有烤肉、爆肚等。夜市受到群众欢迎，很快在全市发展起来。1993 年统计，全市大街上夜市饭摊有 4000 多户，比较有名的是王府井东安门大街上的风味小吃夜市。1990 年，大饭店门前广场开始兴起夜市，首批是长城饭店、亮马河大厦等地的“不夜的长亮广场”。

1995 年，北京饮食业个体户 29144 户，从业人员 64950 人。

饭 铺

饭铺是餐馆中低档的营业单位，包括切面铺、馒头铺、烧饼铺、街道代营食堂以及历史上的粥铺和炸货屋子，顾客多是劳动群众。

19 世纪 70 年代，北京兴起粥铺和粥挑子。当时粥是北京的重要早点之一，粥铺和粥挑子遍布城内外大街小巷。粥有两种：一是早晨熬的粳米粥；二是下午熬的大麦米粥。如同茶馆一样。粥铺除卖粥以外，还卖炸货、烙货。炸货以麻花为大宗，也有焦

20世纪20年代的卖馒头摊

圈、薄脆、糖饼等。烙货有马蹄烧饼（也叫瘪皮）、芝麻酱烧饼、吊炉烧饼等。20 世纪 30 年代，兴起杏仁茶和豆腐浆，比粥更好喝、更简便，也更富有营养，粥铺逐渐消失。

炸货屋子与粥铺和粥摊子同时兴起，是经营批发早点的铺子，品种有炸货和烙货。炸货有麻花、脆麻花、蜜麻花、焦圈、排叉、油饼、油条、糖包、糖饼、糖耳朵、炸糕（分烫面的和黄面的两种）等 20 多种；烙货有芝麻酱烧饼、吊炉烧饼、马蹄烧饼、驴蹄烧饼、缸炉烧饼、牛舌饼、煎饼、糖火烧、黄米面火烧、澄沙馅火

20世纪40年代的卖粥摊

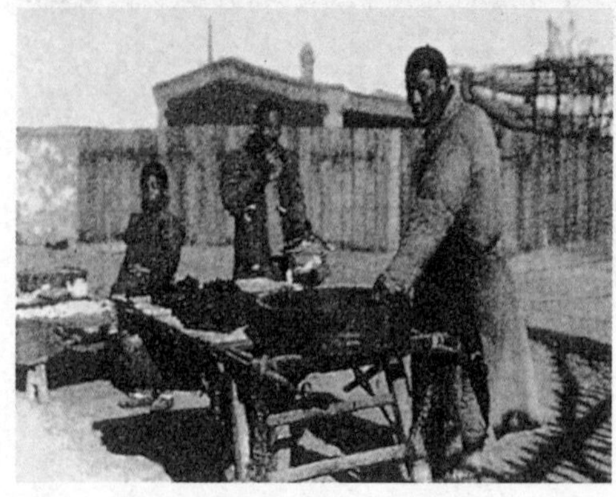

20世纪40年代的卖糖耳朵摊

20世纪40年代的卖豆腐摊

20世纪40年代的卖糖年糕的小贩

20世纪40年代的卖年糕摊

20世纪40年代的卖烧饼小贩

烧、片火烧、墩饽饽等十几种。炸货屋子除批发外，也有门市零售，但主要是供应走街串巷的小贩。小贩每天早晨背筐或挑担子从炸货屋子趸来货物，按着固定的路线走街串巷去卖。

中华人民共和国成立后，因个体小贩走街串巷，卖食品方式不符合卫生要求，政府实行定点经营，取消走街串巷的经营方式，炸货屋子消失。

20世纪40年代的卖炸糕摊

北京的饭铺，大多是由饭摊发展而成的，其中有不少连家铺（前店后家，或店家不分）、夫妻店。饭铺经营家常便饭，接待零散顾客，分为大中小三个类型。

大饭铺设备比较齐全，店堂比较宽敞，有散座也有“雅座”（相对而言），家具比较粗糙，都是白茬桌凳，粗瓷碗碟，竹筷子，所制作的都是普通饭菜。炒菜品种比较多，主要有炒肉丝、炒肉片、坛子肉、木须肉、熘肝尖、爆三样、炒麻豆腐、醋熘白菜、酸辣汤、丸子汤、蔬菜汤等，味道比较咸，都是下饭的菜，不卖鸡鸭鱼虾。主食花样繁多，有烙饼、馒头、面条、包子、饺子、馄饨、馅饼、锅贴、生煎包、烧饼、火烧、茶汤、粥等。

中等饭铺营业面积比较小些，多为散座，雅座很少，以卖面食为主，炒菜样数不多，菜味尤为咸浓。顾客一般只点两三样菜，或者不点菜，只吃锅贴、馅饼、粥、饺子、馄饨、芝麻烧饼、三鲜面、鸡丝面、炸酱面、打卤面等。

小饭铺多为一间门面，店堂窄小，只能摆上几张餐桌，多半没有雅座，有的灶火就在门外，专卖面食，斤饼斤面，炒饼、炒面、包子、饺子、馅饼、烩饼、螺丝转等，也有准备几样下酒菜的，如松花蛋、花生米、肚丝、猪肝、猪耳朵、豆腐丝等。即使经营炒菜，也不过是炒肉丝、熘肝尖、摊黄菜等，汤也只有酸辣汤、逛儿汤两种。小饭铺的优势在于价钱便宜，现成食品，来了就吃，节省时间，如同快餐。到饭铺吃饭的人，都是将就，以填饱肚子为主，不讲究。一般客人来了，半斤肉丝炒饼，一碗酸辣汤，或者是半斤家常饼，一盘醋熘白菜，吃完付账走人。

在饭铺中有一种叫"二荤铺"，是既卖清茶又卖酒饭的铺子，也叫茶饭铺。"二荤"是指做菜的原料来自两方面：一是铺子准备的原料，二是食客带来的原料（交给厨师去做，名曰"炒来菜"）。二荤铺卖酒，以两计算，不以壶计。它卖的饭菜有生煎包、葱油饼、锅贴、馄饨、烧卖、水饺、烂肉面等。二荤铺有一手用下脚料做菜的方法，如从猪皮上将肥膘刮下来炖得稀烂，加上辣椒糊和蒜汁，用以浇面。二荤铺还常备肉皮辣酱、肉皮冻等。20 世纪 50 年代，二荤铺消失，多数升为饭馆。

1956 年，饭铺实行公私合营，一部分升为饭馆，一部分改为小吃店（并吸收了一些经营小吃的饭摊），其余的散布在居民区。

1957 年，城区饭铺有 725 户（其中饭铺 375 户，馒头铺 226 户，烧饼铺 66 户，合作食堂 46 户，切面铺 12 户）。1962 年，全市有饭铺 132 户，切面铺 31 户，卖爆肚的饭铺 10 户（其中有东安市场的爆肚冯，东四的爆肚满，门框胡同的爆肚杨，天桥的爆肚石等）。1963 年，全市有面食铺 406 户。1964 年，全市有切面铺 50 户。1974 年，全市切面铺由年初的 70 多户增加到年底的 257 户。改革开放以后，随着个体经济的快速发展，饮食业网点迅速增加，专营切面、馒头的门店有所减少。1995 年统计，还有 7 户。

街道食堂和街道代营食堂是饭铺的另一种形式。街道食堂是 1958 年开办的。1959 年，全市有街道食堂 2816 个，饮食行业为其培训的从业人员有 5746 人。“文化大革命”开始，街道食堂停办。1972 年开始办街道代营食堂，是国营饮食店的代营单位，由街道办事处主办并出人出营业场所，国营饮食店协助，按照实际需要拨给粮油货源和周转备用资金，是民办公助的群众集体性质的营业单位。代营食堂，行政上由街道办事处领导，业务上接受国营饮食店的指导和培训。经营成果方面，毛利的 60% 交街道，用以支付各项费用开支，其余的 40% 交给国营饮食店，营业税由国营饮食店统一缴纳。1975 年 2 月，北京市第二服务局做出四项决定：凡国营饮食店闲置不用的设备，无偿借给代营食堂使用。代营食堂必需新添的业务设备而又确实无力解决的，由国营饮食店购买后借给代营食堂使用。为了解决代营食堂购置新设备的资金问题，北京市第二服务局拨款 30 万元予以支持。代营食堂所需的货源列入国营饮食店的供应计划，统一解决。代营食堂所用的手续费，仍按60%提取，但兼营切面和学生包饭业务的这部分毛利额，全部作为代营食堂的手续费。代营食堂借用国营饮食店设备的固定资产折旧费和家具摊销费，由国营饮食店列支。1974年，全市代营食堂有200户1032人。1978年有427户4585人。1979年，由于各街道联社成立，各区饮食公司陆续将街道代营食堂交给街道联社。

饭　馆

饭馆又称菜馆或炒菜馆，在饮食业中属高中档次的餐馆，兴起于明，发展于清。它有大中小三类，都有几个著名的厨师和拿手菜，其中的高级饭馆后来发展成为大饭庄。

清朝和民国时期，著名饭馆有“八大居”“八大楼”之说，因为时期不同，“居”字号和“楼”字号饭馆也不同。

《北京俚语俗谚趣谈》载,清朝的“八大居”是龙泉居、同和居、砂锅居、鼎和居、广和居、天然居、会仙居、义盛居。“居”字号名店名菜有：龙泉居锅贴豆腐、油爆猪肚、川冬菜炒肉末，同和居红烧鱼翅、清炒虾仁、葱烧海参、烩鱼脯，砂锅居白肉片、烩肝肠、烧下碎、烩下颏，鼎和居炸里脊片、小碟爆羊肉、炒面片，广和居吴鱼片、潘鱼、胡鱼、陶菜、江豆腐，会仙居炒肝、坛子肉、糟肉，义盛居四喜丸子、醋熘鱼片、拔丝山药、葱烧海参，同福居锅贴、扒海参、扒鱼肚、扒猪肚、扒鸭子，万福居烩螺羹、烧鲇鱼、蜜腊肉、翡翠羹，东兴居黄焖肉、焦炒鱼片、辣子鸡，福兴居烩鸭条、焖猪蹄、鸡丝面，万兴居糟鸭、酱肉、酥鸡、腊肠、熏鱼，青梅居烩肝肠、焦炒鲤鱼片、炸小丸子。

《北京俚语俗谚趣谈》载的“八大楼”是东兴楼、泰丰楼、新丰楼、正阳楼、庆云楼、万德楼、悦宾楼、会元楼。此外，还有一些饭馆也很有名，如全聚德烤鸭店、厚德福等。“楼”字号名店名菜有：东兴楼九转大肠、清蒸小鸡、云片熊掌、白扒鱼翅，泰丰楼砂锅鱼翅、红烧海参、清炖燕菜、软炸鸭腰，新丰楼白菜烧紫鲍、黑芝麻元宵、片饽饽，正阳楼涮羊肉、烤羊肉、大螃蟹，庆云楼炸春卷、盅儿糕，万德楼白切肉、烂肉面，悦宾楼神仙全鸭、红烧鱼头，会元楼豆腐羹、汆散丹，致美楼红烧鱼翅、四做鱼（头、尾、中段分做），富兴楼糖熘山药、酱汁鱼、酱爆鸡丁，五和楼烩鱼脯、炒肥肠、清蒸丸子，龙源楼炒鳝鱼丝、红烧鱼翅、烩鸭腰，天庆楼糖醋鱼块、羊蹄筋、羊肉扁食，永顺楼芫爆羊肚条、烩虾仁、清蒸鱼翅。

清朝北京“居”“楼”字号以外的名店名菜有：全聚德烤鸭店的挂炉烤鸭、炸鸭肝、琥珀鸭膀，便宜坊烤鸭店的焖炉烤鸭、童子鸡、酥鱼，厚德福的糖醋瓦块焙面、铁锅蛋，都一处的烧卖、炸三角、马莲肉，致美斋的萝卜丝饼、红烧鱼头、馄饨、四做鱼，如松馆的烩鸭条、什锦攒丝、炒面鱼，普云斋的酱肚、熏鱼、香肠、瓦鸭，天全斋的烧紫盖、澄沙包子、猪肉馒头，珍味斋的汤羊肉、羊杂碎、蒸羊蹄，西湖馆的烧鸭子、攒盘、炒什锦豆，大亨轩的醋熘里脊片、鸡油烧饼、水晶包子，大来坊的蜜麻花、素点心，福全馆的芫爆羊肚条、酱汁鱼、糟鸭肝，九和兴的锅贴鳜鱼、烹烤虾、鸡丝卷。

民国时期，北平饭馆业出现一些著名饭馆，有 1921 年开业的玉华台（淮扬风味），1924 年开业的五芳斋（上海风味）和森隆（江苏风味），1925 年开业的仿膳（宫廷风味），1930 年开业的丰泽园（山东风味）等。此时南方风味饭馆大量出现在北平饮食市场，打破了单一鲁菜风味的局面，形成了北方菜和南方菜两个大派。北方菜馆为山东馆（济南帮、胶东帮）、天津馆、北京馆，以山东馆为多；南方菜馆为江苏馆、四川馆、广东馆、福建馆、河南馆、云南馆等，以江苏馆为多。1923 年《北京便览·饮食类》载，当时著名的中餐饭馆有 170 家，其中南方饭馆有 38 家，有不少带“春”字号，如庆元春（淮扬风味）、京华春（福建风味）、岷江春（四川风味）、浣花春（四川风味）、燕春园（河南风味）等。1930 年左右，西长安街出现十二春：庆林春、方壶春、玉壶春、东亚春、大陆春、新陆春、鹿鸣春、四如春、宣南春、万家春、淮扬春、同春园。《北京俚语俗谚趣谈》记有“八大春”，即：上林春、淮扬春、庆林春、大陆春、新路春、春园、同春园、鹿鸣春。20 世纪 40 年代，北平饮食业中的“八大楼”是：东兴楼、安福楼（承华园）、致美楼、正阳楼、新丰楼、泰丰楼、萃华楼、春华楼。1943 年，日伪北平社会局统计，当时北平的饭馆有 607 家，其中开业于清代的有 97 家。日本投降后，国民政府接管北平市，蒋介石发动全国内战，北平市物价飞涨，百业倒闭，饮食业的经营更加困难。

民国时期，北京一些小饭馆也很出名。小饭馆规模小，比较符合中等以下收入人们的需要，生意比较红火。前门大街两侧的小饭馆较多，以大栅栏、煤市街、打磨厂、肉市最为集中。著名的有致美斋、厚德福、都一处、便宜坊、全聚德、金谷春（河南馆）、醉琼林（广东馆）、南味斋（江苏馆）、小有天（福建馆）、杏花春（绍兴馆）、颐芗斋（绍兴馆）、越香斋（绍兴馆）、恩成居（广东馆）等。这些饭馆各有独特风味，都有一两样拿手菜。当时市民中流传着一句口头禅："逛小市、听小戏、吃小馆。"小馆就是指的这类馆子。

民国时期，中餐馆通用的菜肴主要有以下数十种：红烧鱼翅、清炖燕菜、清汤银耳、锅鳜鱼、芙蓉鸡片、五柳鱼、橄榄鱼片、奶汤蒲菜、奶子山药、软炸猪肚、烩南北、水晶肘、蜜腊莲子、爆双脆、葱烧海参、海参蟹粉、八宝烧猪、拔丝山药、鸡蓉菜花、锅烧白菜、油爆肚仁、软炸鸭腰、炸青虾球、软炸鸡、炸胗肝、烩青蛤、火腿片、炒冬菇、炒鱿鱼、软炸里脊、烩鸭条、烩三冬、烩三鲜、烩什锦、烩虾仁、烩爪尖、虾子冬笋、糟熘鱼片、焖鳝段、酱汁鲤鱼、红烧鱼片、红烧鸡、红焖肉饼、菜心红烧肉片、锅烧肥鸭、东洋三片、锅贴金钱鸡、草帽鸽蛋、蘑菇汤、鲍鱼汤、蛋花汤、鸡球汤、糟煨冬笋、口蘑锅巴、面包虾仁等。

此外，各类饭馆还随着季节变化不断更新"时菜"，如春天的野鸡脖（一种韭菜）、薄饼苏盘；春末夏初的黄花鱼、大对虾、清蒸鲥鱼；夏天的冰盏、鲜莲子、水晶冻、核桃、果藕、菱角等；

秋天的螃蟹（七尖八团的河蟹），立秋后的羊肉（爆、烤、涮）；冬天的菊花火锅、什锦火锅，过年吃的南煎丸子、米粉肉等。各类饭馆都以自己的一两个拿手菜享誉京城。

1949 年中华人民共和国刚成立时，同和居饭庄因业务清淡要求歇业，政府认为同和居是著名风味饭馆，不能停业，投资扶植，实行公私合营。1952 年，丰泽园饭庄、全聚德烤鸭店等高级饭馆申请歇业。根据中共北京市委领导关于“北京作为首都，不可不保留少数高级饭庄”的指示，丰泽园饭庄于 1952 年 6 月 1 日公私合营，全聚德烤鸭店于 1952 年 7 月 1 日公私合营。1954 年，北京市人民政府指示北京市社会福利公司，可以选择 21 人以上、历史悠久并有特色的大中型饭庄实行公私合营。1955 年 11 月，北京市第三商业局饮食公司与 70 家中型饭馆（职工 749 人）实行了公私合营，北京市合作总社与 16 家饭馆（职工 249 人）实行了公私合营。1956 年 1 月上旬的 10 天内，完成了全行业公私合营。

1958 年至 1978 年的 21 年中，饮食业的发展缓慢。1978 年北京市有饭馆 1594 个，从业人员 35940 人，与 1957 年相比，饭馆减少 2997 个，从业人员增加 20810 人。人员虽有所增加，但网点减少，营业点之间距离扩大，群众不方便问题日渐突出。

中共十一届三中全会后北京饭馆迅速发展。1995 年营业点为 39196 个，从业人员 167452 人，分别是 1978 年的 24.6 倍和 4.7 倍。

1995 年 10 月，北京市饮食服务总公司对全市特级餐馆和一、二级餐馆进行检查，确定符合特级餐馆标准的有 30 户，分别为聚仙楼饭庄、王府井全聚德烤鸭店、北京大阪徐园餐厅有限公司、紫金宫饭店鸿宾楼饭庄、仿膳饭庄、淮扬春饭店、四川饭店、豆花饭庄、御膳饭店、老正兴饭庄、前门全聚德烤鸭店、哈德门饭店便宜坊烤鸭店、北京全聚德烤鸭店、鸿云楼饭庄、北京烤鸭店、穆斯林饭庄、汇珍楼饭庄、京信豆花酒店、渔都海鲜城、顺峰海鲜粤菜大酒楼、北京京信全聚德烤鸭店、北京太上宫大酒楼、海淀消夏园餐厅、长征饭庄、听鹂馆饭庄、芙蓉酒家、锦绣大地美食娱乐城、宫廷大酒店、莫斯科餐厅、萃华楼饭庄。

饭　庄

饭庄在餐馆中规模最大、档次最高，出现于清代，以“堂”字缀在店名之后为标志。此种饭庄有宽阔多进的高级四合院，房间宽敞明亮，院落清洁恬静；宴会厅能举办几十桌、上百桌的高档宴会；有的饭庄有戏台和花园，可以听戏，游览观赏。“堂”字号大饭庄分为冷庄子和热庄子。冷庄子虽有门面但平时不开业，没有固定的厨师、堂倌，甚至连家具台面都没有，客人预定宴会日期、规模，由业务人员临时招请“口子行厨师”，由口子行厨师的领头人办理一切事项。领头人自己备有厨具（刀、勺、锅、屉）、餐具（杯、盘、匙、箸）和席面（桌、椅、凳）等。冷庄子多在交通偏僻的地方。热庄子每日营业，有固定的厨师、服务员，除承办红白喜庆宴会、堂会外，另有餐厅、单间雅座招待零散顾客。大饭庄的服务对象是政府各部、王爷府、军阀、社会名流、大商人等。清末民初，流行“八大堂”之说，为福寿堂、庆和堂、聚寿堂、聚贤堂、天福堂、燕寿堂、会贤堂、惠丰堂。“八大堂”外较著名的“堂”字号饭庄还有同兴堂、富庆堂、庆寿堂、庆福堂、豳风堂、隆丰堂等。

1915 年京师商会统计，“堂”字号大饭庄有 65 家。20 世纪 20 年代，中华民国国都南迁，宴请大为减少，“堂”字号饭庄衰落。日军占领北平时，“堂”字号饭庄所剩无几。

中华人民共和国成立时，“堂”字号大饭庄只剩下惠丰堂一家，20 世纪 50 年代迁入翠微路商场。随着社会主义建设事业的发展，一批高级风味饭馆发展成大饭庄。

20 世纪 50 年代至 70 年代，北京主要饭庄有前门全聚德烤鸭店、西长安街全聚德（烤鸭店 1963 年撤点）、王府井全聚德（烤鸭店）、和平门全聚德（烤鸭店）、砂锅居、柳泉居、都一处、前门外鲜鱼口便宜坊（烤鸭店）、崇外哈德门饭店内便宜坊（烤鸭店）、仿膳饭庄（宫廷）、听鹂馆饭庄（宫廷）、东来顺（清真）、南来顺（清真）、又一顺（清真）、东德顺（清真）、鸿宾楼（清真）、烤肉宛（清真）、烤肉季（清真）、瑞珍厚（清真）、白魁（清真）、萃华楼（山东）、丰泽园（山东）、同和居（山东）、惠丰堂（山东）、曲园酒楼（湖南）、玉华台（淮扬）、老正兴（上海）、美味斋（上海）、马凯（湖南）、西安饭庄（陕西）、东森隆（江苏）、五芳斋（上海）、同春园（江苏）、峨嵋酒家（四川）、四川饭店（四川）、来今雨轩（四川）、厚德福（河南）、晋阳饭庄（山西）、豳风堂（山东）、蜀乡餐馆（四川）、谭

20世纪80年代的哈德门饭店

20世纪80年代的西安饭庄

家菜、康乐餐馆（江南）、通州小楼（清真）、鸿兴楼、力力食堂（四川）、一条龙羊肉馆（清真）、丰台饭庄（山东）、忠厚居（山东）、真素斋（素）、西安饭庄。

1983 年 4 月，北京市人民政府向兄弟省、自治区、直辖市发出“欢迎来京开办名特食品商店、风味餐馆”的邀请信，外地来京开办了一批著名风味饭庄。北京市餐饮业恢复部分老字号饭庄。一批原有餐馆扩大规模、提高档次，升级为饭庄。

1980 年至 1995 年，北京开业的主要饭庄有 80 多家。1980 年，颐宾饭店（四川菜）、狗不理包子铺开业；1981 年有华北楼、延吉餐厅升级改造开业（朝鲜风味）；1982 年，东兴楼恢复开业、春宴楼（清真）升级改造开业；1983 年，致美楼、致美斋恢复开业，燕春饭庄、花竹餐厅（四川菜）、淮扬饭庄、大三元（广东菜）开业；1984 年，宫膳斋、峨泰酒家、山城饭庄、松鹤楼菜馆、上海椰城餐厅、知味观（浙江菜）、闽南酒家（福建菜）、功德林（素菜）开业，新丰楼、正阳楼恢复开业，鸿云楼（清真）、紫光园（清真）、松花江饭庄升级改造开业；1985 年，大董烤鸭店、利康烤鸭店、孔膳堂、麒麟饭店、京华餐厅（江苏菜）、方泽轩餐厅（淮扬菜）、龙华药膳餐厅、世界之窗餐厅（广东菜）、吐鲁番餐厅（清真）开业，同春楼、泰丰楼恢复开业；1986 年，皇宫烤鸭店、活鱼酒家、京鲁饭庄、燕明饭店、华鹰饭店、豆花饭庄（四川菜）、渝园（四川菜）、三家村酒家（四川菜）、重庆园林酒家（四川菜）、羊城酒家（广东菜）、聚雅酒家（广东菜）、成吉思汗酒家（蒙古族风味）开业；1987 年，北聚仙楼、燕晓楼、三峡酒楼（四川菜）、淮扬春饭店、北京奎元馆（浙江菜）、望海楼（清真）、鸿云楼（清真）、人人大酒楼（广东菜）、洞庭湖春（湖南菜）、滕王阁大酒楼（江西菜）开业，新风饭庄升级改造开业；1988 年，泰和楼、颐之时饭庄、红楼饭庄、颐养楼饭庄、迎宾楼（广东菜）、香满楼酒家（广东菜）、天宫酒家（广东菜）、珠穆朗玛酒家（藏族风味）开业；1989 年，御膳饭店、味苑酒楼（四川菜）、北京天府大酒家（四川菜）、泸州酒家（四川菜）开业。此外，在 20 世纪 80 年代，日坛饭庄（江苏菜）、明珠海鲜酒楼（广东菜）、仿唐饭庄（陕西菜）开业，瑞宾楼升级改造开业，西来顺（清真）恢复开业。1990 年，汇珍楼（清真）、香港美食城（香港菜）开业；1993 年，老北京酒楼等开业；1994 年，贵阳饭店等开业。

八大菜系及名店

北京为五朝帝都，人员天南海北，四方杂处；车辆往来辐辏，交通频繁，带来各地饮食和厨艺，陆续出现多种菜系的菜馆。特别是改革开放后，中国八大菜系的名菜馆涌入北京，在北京的饮食市场上各显其能，互相竞争，引人注目。八大菜系以省（地区）划分，分别是山东、四川、江苏、广州、浙江、福建、湖南、安徽菜系，简称鲁、川、苏、粤、浙、闽、湘、皖菜系，江苏菜系又称淮扬菜系。

鲁菜及名店

山东菜是由济南、胶东地方菜和孔府菜发展起来的。济南菜包括济南、德州、泰山风味菜。胶东菜起源于福山，包括青岛、烟台、威海等风味菜。两种地方菜各有不同的风味特色。济南菜烹调方法受孔府烹调技术影响，擅长爆、烧、炒、炸，菜品以清鲜脆嫩著称，以汤菜为最著名，具有鲁西地方风味。奶汤蒲菜是济南汤菜的代表，清汤燕菜、清汤银耳、汤爆双脆、奶汤鱼翅也很有名。其他代表菜肴有糖醋黄河鲤鱼、德州扒鸡、红烧九转大肠等。胶东地方菜擅长烹制各种海鲜。主要烹调技法是爆、炸、熘、扒、蒸，口味以鲜为主，偏重清淡。著名菜肴有：奶汤鱼肚、油爆海螺、炸蛎黄、干蒸加吉鱼、白扒鱼翅、清蒸原壳鲍鱼、酥海带等。孔府菜为中国著名的公馆菜，名目繁多。烹调方法富于变化，多以炸、烧、烤、炒、蒸为主，口味偏重醇香，讲究花色。山东菜是北方菜的代表，东北、华北的菜肴都受其影响。

丰泽园饭店 位于珠市口西大街83号，1994年9月20日开业，是北京山东风味饭庄中最享盛誉的饭庄。前身是丰泽园饭庄，位于前门外煤市街南口67号，1930年8月15日开业。丰泽园饭庄首次股东会是在中南海“丰泽园”内召开的，取“丰富、润泽”之意，并象征经营菜肴丰富多彩和美味可口，定名为丰泽园饭庄。丰泽园饭庄菜肴的基本特点是“清、鲜、香、脆、嫩”，以“清”“鲜”为最突出。代表名菜有：海参王宴、清汤燕菜、砂锅鱼翅、葱烧海参、清炒鲍贝、酱汁活鱼、芙蓉鸡片、糟熘鱼片、醋椒鱼、油爆双脆、烩乌鱼蛋等，多达数百种，有“吃了丰泽园，鲁菜都尝遍”之说。北京过去流传着这样一句话：“炒菜丰泽园，酱菜六必居，烤鸭全聚德，吃药同仁堂。”中华人民共和国成立后，丰泽园饭庄多次承办国家的国宴和国家召开的各种代表会议的筵席，许多国家的元首及国家的贵宾都在丰泽园饭庄用过餐。1952 年，丰泽园饭庄实行公私合营，翻建成为三层楼房，可以同时接待 300 名顾客进餐。丰泽园饭庄牟常勋曾经为毛主席烹制过冬菇烧肉、锅爆小白菜等菜肴，受到毛主席的赞许。1983 年，在全国烹饪名师技术表演鉴定大会上，丰泽园饭庄王义均获得全国最佳厨师的称号。1987 年至 1991 年间，丰泽园的原班人马在丰台区刘家窑、朝阳区幸福三村、海淀镇、深圳蛇口开设四家分店，并在刘家窑开设了一家综合商

20世纪30年代的丰泽园饭庄

20世纪80年代的丰泽园饭庄

场。1991年，投资近亿元，在丰泽园原址改扩建，1994年9月20日竣工开业。新建的丰泽园饭店占地4600平方米，总建筑面积14800平方米。饭店内部采用了现代化的设备设施共有客房99间，有大小19个不同装修风格的宴会厅，可同时接纳500余位宾客用餐。1995年，获市旅游局颁发的国家三星级饭店牌匾。

萃华楼饭庄 位于王府井大街58号，1940年开业，“萃华”有内涵荟萃精华、以飨食客之意。一开业就专办筵席或“外会”（到顾客家中办席），不卖散座，专营燕窝、鱼翅、鸡鸭等山珍海味菜肴，不卖猪肉及一般炒菜（中华人民共和国成立后，才增添了散座和供应名而不贵的风味菜肴）。1954年萃华楼率先公私合营。萃华楼饭庄经营的山东菜，以海味河鲜为主，名菜多达数百种。其中以海味河鲜原料制作的名菜，有清汤燕菜、红扒鱼翅、砂锅鱼唇、葱烧海参、烩乌鱼蛋、桂花干贝、清炒虾仁、糟熘鱼片、油焖大虾等。1991年4月，饭庄经翻建重新开张，又挖掘出断档多年的传统名菜30余种，同时创制新菜近 20 种，经营高中低档菜肴超过 300 种。有高中级职称的员工上百人，先后到日本、美国、马来西亚等国献艺。萃华楼还在东直门外、安定门外设立分号。1993 年被授予“中华老字号”称号。

20世纪80年代的萃华楼饭庄

同和居饭庄 位于西四南大街北口，是经营福山帮（即胶东流派）风味菜肴的老店，清道光二年（1822 年）开业。北京以“居”为字号的八家著名餐馆，现只有同和居和砂锅居依然香飘古城。同和居饭庄以烹制鱼虾著称，能制作 300 多种风味菜肴，菜品突出清、鲜、嫩、脆，名菜有贵妃鸡、潘鱼、锅爆鳜鱼、糟熘鱼片、醋椒活鱼、氽鲫鱼青蛤蜊、烩生鸡丝、油爆双脆、扒鲍鱼龙须、绣球海参等。饭庄的“三不沾”甜菜，风味独特，名闻遐迩，一不沾盘，二不沾匙，三不沾牙。1994 年前，该店在西四南大街北口，后迁至三里河月坛南街。营业面积为 600 平方米，可同时接待 300 人就餐。1995 年营业额 584 万元，有职工 47 人。同和居饭庄掌灶厨师曾

20世纪80年代的同和居饭庄

先后到菲律宾马尼拉、泰国曼谷和日本东京进行技术表演。

致美斋饭庄 清嘉庆十三年（1808 年）开办，位于前门外煤市街中段，原为一家经营姑苏风味糕点和菜肴的饭馆。《道咸以来朝野杂记》载："致美斋其初为点心铺，所制萝卜丝小饼及焖炉小烧饼皆绝佳，又有炸春卷、铰肉尤妙。铰肉做橄榄形，长 2 寸许，两端尖，以油和面烤成，其酥无比。秋季月饼与他处不同，既大且厚，其馅丰腴，有 13 种之多，约以 4 块为一准斤，远近行销。"致美斋从经营糕点到经营山东风味菜馆，菜肴十分出众。名菜首推四做鱼，又称四吃鱼，即一鱼做成四味菜肴：红烧头尾、糖醋瓦块、酱汁中段、糟熘鱼片。中华人民共和国成立初，致美斋因故歇业。20 世纪 80 年代，致美斋恢复，创制传统名菜 300 多种，1994 年因拆迁停业。当时营业面积 1200 平方米，年营业额 146 万元，职工 60 人。2004 年致美斋再度在白广路复业。

致美楼饭庄 北京著名的“八大楼”之一，位于前门外煤市街中段致美斋饭庄斜对面的一座四合院内，清道光二十二年（1842年）开业。经营山东风味，以“清汤官燕”“红扒熊掌”“扒驼峰”等高级宴席菜著称。北京解放前夕停业。1980年致美楼恢复。1986年，饭庄厨师作为中国烹饪代表团成员参加了在卢森堡举办的世界美食杯大赛，以娴熟的技艺巧妙构思设计了具有中国古典韵美的“龙凤呈祥”“喜鹊登梅”“鹿鹤同春”等艺术拼摆和“天女散花”的装饰台，荣获金牌。1998年，参加全国第二届烹饪大赛，以“芙蓉管艇”“翡翠虾球”和技术拼摆“秋蟹映月”获得三枚金牌，1994年因拆迁歇业。

同春楼饭庄 始建于清道光二十二年（1842年），原址在前门南大街60号。开业之初，该店有3间门面，二层楼房，内设雅座6间，散座14张桌，120个座位；正门上挂的金字黑匾为清末翰林韩毅所书。1947年，改为福兴楼饭庄经营，增加山东烟台菜系，以海鲜为主。1952年，国家宴请从朝鲜回国的中国人民志愿军战斗英雄和1955年解放军授军衔等两次大型宴会，都是由同春楼接待。1956年公私合营后，同春楼搬到酒仙桥地区。1984年，同春楼在崇文区重新开业，恢复老字号。1990年以后，该店又进行两次装修改造，主攻山东菜系，设有大小9个餐厅，被评为北京市一级饭庄。

正阳楼饭庄 清道光二十三年（1843年）始建，是北京的“八大楼”之一。开业之初在北京前门外肉市路东，是两间门脸的二层小楼。1923年，正阳楼扩大面积，增添雅座，以烤羊肉出名。

1937 年七七事变后，物资奇缺，物价飞涨，正阳楼因经营亏损，1942 年关闭。1984 年 12 月，正阳楼在打磨厂西口新址重新开业，恢复老字号，为北京一级饭庄。一楼经营快餐，二楼经营中、高档炒菜，设有雅座和外宾餐厅，并承办喜庆宴席，可同时接待 400 人就餐。1993 年再次装修改建，二楼主营山东风味菜肴和享誉京城的螃蟹菜，形成独家拳头产品“蟹宴”。

泰丰楼饭庄 清光绪初年（1875 年）开业，位于前门西大街，是晚清北京饮食业著名的“八大楼”饭庄之一。1952 年，因经营管理不善歇业。1984 年在原来正阳饭馆的基础上装修改造，恢复泰丰楼老字号，成为北京一级饭庄。饭庄擅长山东风味，在继承发扬基础上，研制出 200 多个菜品，名菜有葱烧海参、酱汁鲤鱼、清汤燕菜、砂锅鱼翅、芙蓉虾仁、烩乌鱼蛋、糟熘鱼片、香酥鸭、油爆双脆等。1986 年，厨师李启贵第一次为国家捧回在卢森堡举行的国际烹饪大赛的金牌和奖杯。1993 年，参加“京苏川粤及日本国烹饪技能大赛”，以过刀工，冷、热菜三项总分获第一。同年参加第三届全国烹饪技术比赛个人赛，以龙虾空心球、鸡蓉竹荪汤两道菜品荣获金牌，并被授予全国优秀厨师称号。

东兴楼饭庄 创业于清光绪二十八年（1902 年）。经营风味菜肴属于山东菜系的胶东流派，菜品以河鲜海味为主，特点是清、香、鲜、嫩，油而不腻。1944 年 12 月停业。1982 年 12 月 1 日，东城区饮食公司在东直门内大街新址，恢复此老字号。恢复的名菜有芙蓉鸡片、糟蒸鸭肝、锅㸆豆腐、烩乌鱼蛋、酱爆鸡丁、醋椒活鱼等。1991 年 2 月，东兴楼在东四十条开设东兴楼烤鸭店。

孔膳堂饭庄 位于西琉璃厂文化街，1984年开业，经营孔府风味家菜，是新建二层仿古建筑。孔膳堂饭庄为把孔府菜肴引进北京，特派富有实践经验的厨师前往山东曲阜，遍访为孔府掌过灶的名厨，学习孔府的烹调技艺，逐步掌握“孔膳”选料广泛齐全、加工精细别致、口味浓香醇厚、款式华贵多姿的独特风格以及不下数百种的传统名菜的制法。主要名菜有“八仙过海闹罗汉”“带子上朝”“御笔猴头”“玉带虾仁”“诗礼银杏”“烧秦皇鱼骨”（用鳜鱼中段加水发鱼骨和海鲜品烧制）“乌云托月”“孔门干肉”“翡翠虾环”“连年有余”“芝麻鱼排”等。其中“御笔猴头”一菜，用猴头蘑做原料，加工成12支毛笔形态；“玉带虾仁”一菜，用大青虾为主料，去其头尾，只留腰部壳环，烹调后，虾仁洁白，腰环红艳，酷似“玉带”。

惠丰堂饭庄 位于海淀区翠微路百货商场内。原址在前门外观音寺煤市桥，创建于清咸丰八年（1858年），只办红白喜事，有事临时雇伙计，现攒班儿，俗称“冷庄子”。光绪二十六年（1900年）倒闭。光绪二十八年（1902年），山东福山人张克宜出资800两白银买下此饭庄重张，亲自下厨，精心研制烹调技艺，并不断翻新菜肴，形成独特风格，成为京城“八大堂”之一。慈禧太后赐“圆笼扁担”作为可随时入宫标志，频点频传惠丰堂菜肴成为宫廷御膳。名菜有三丝鱼翅、扒烂鱼翅、烩生鸡。1954年6月20日公私合营，1956年迁至复兴门外海淀区翠微路商场。“文化大革命”中改名为“工农兵食堂”“翠微路餐厅”。1978年恢复惠丰堂字号。1985年，惠丰堂被评为一级饭庄、北京市旅游定点餐馆。20 世纪 90 年代连续两年列入全国餐饮 50 强。

新丰楼饭庄 位于白广路西，创业于清光绪年间，是清末民初著名“八大楼”饭庄之一，经营的山东菜肴别具一格，享有盛誉。1949 年歇业。1984 年 8 月 1 日恢复营业。著名风味菜肴有香酥鸡、炸双排、烩乌鱼蛋、松鸡脯、锅煸豆腐夹馅、氽鲫鱼萝卜丝、雪山鸽蛋、葡萄鱼丸、“炸酥简”、素三鲜等。其中，烩乌鱼蛋一菜，为山东菜系中传统名菜。1993 年在第三届全国烹饪大赛上，烹制的“竹荪鱼丸”“五彩鸡球”“鸡翅黑鱼花”均获金奖。

川菜及名店

四川菜以成都、重庆两地的地方菜肴为代表，包括乐山、江津、自贡、合川等地方菜肴。有大吃（高级宴会）、小吃（普通宴席、大众便餐）之分。高级宴席选料严格、制作精细、口味清鲜、醇浓并重，多用山珍海味、配以时令蔬菜，品种极其丰富，口味变化较多，以多、广、厚著称。民间菜擅长小煎、小炒、干煸、干烧等烹调技法，以脆嫩、麻辣见称。川菜主要味有麻、辣、咸、甜、酸、苦、香 7 种。复合味有麻辣、酸辣、椒麻、咸鲜、糖醋、荔枝、红油、白油、怪味、麻酱、香糟、酱香、芥末、姜汁、蒜泥、豆瓣等几十种。有“一菜一格、百菜百味”之称，享有“食在中国，味在四川”之美誉。川菜中汤的烹制方法也十分讲究，所谓“川戏离不了帮腔，川菜少不了好汤”。著名代表菜有麻婆豆腐、鱼香肉丝、宫保鸡丁、香酥鸭、怪味鸡、贵妃鸡、干烧鱼翅、灯影牛肉、樟茶鸭子、回锅肉、一品熊掌、芙蓉鱼翅、干烧岩鲤、口袋豆腐、三鲜锅巴、毛肚火锅、夫妻肺片等。

四川饭店　位于宣武门内绒线胡同西口，1959 年开业，是一座数进庭院的古建筑。饭店的主要烹调技师有 20 世纪 50 年代的中国四大名厨之一——北京饭店特级技师罗国荣的师傅黄少卿。四川饭店是当时北京规模最大、技术力量最雄厚的正宗川菜大型饭庄。名菜有烧牛头、麻辣牛肉、灯影牛肉、樟茶鸭、虫草鸭、怪味鸡、宫保鸡丁、锅巴三鲜、干烧大虾、鱼香肉丝、回锅肉、麻婆豆腐、开水白菜、干煸冬笋等。1995 年 6 月四川饭店与香港合作经营北京天府俱乐部，同时组建四川饭店恭王府分店、东华门分店、海淀分店和圆山分店。

峨嵋酒家　位于月坛北街东口。原址在西长安街。1950 年开业，1956 年公私合营，后经多次迁移，1976 年迁入现址，是一座三层楼房，设有雅座和便餐部。峨嵋酒家是四川菜系的成都流派。该店名厨、特级技师武钰盛，13 岁在成都著名的天顺园餐馆学艺，能用各种烹调方法，烹制 400 多种四川风味菜肴。20 世纪 80 年代，峨嵋酒家亦能烹制高档筵席上的多种大菜和名菜。1995 年，营业面积 1200 平方米，营业收入 495 万元，有职工 80 人。

颐宾楼饭庄　位于海淀区中关村大街服务大楼内，有雅座餐厅和一般餐厅，1981 年 7 月开业，1982 年 5 月与四川省成都市所属邛崃县文君酒楼进行技术联营，带来成都风味独特佳肴名点

300 多种，20 世纪 80 年代在颐宾楼饭庄担任技术工作的四川厨师 12 人，其中一级厨师 2 人。

力力餐厅 位于前门大街东侧 30 号，1952 年开业，原设在前门外廊房二条，是门脸不大的小店，1954 年翻建整修，增添设施，成为北京著名的川菜餐馆，名菜有鱼香肉丝、回锅肉、宫保鸡花、锅巴鸡片、怪味鸡、水煮肉片、麻婆豆腐、陈皮牛肉、樟茶鸭、锅巴海参、龙井鲍鱼、芙蓉燕菜等。

四川豆花饭庄 位于广渠门外大街路北，是一座古色古香、素雅敞亮的三层楼房，内部装饰有巴山蜀水风韵。饭庄于 1986 年 4 月正式开业，是由崇文区饮食公司与四川有关部门联合开办，经营各种川味佳肴和川味小吃。拿手菜肴是豆腐菜，即用普通的豆腐可以做出色香味俱佳的菜肴数百种，如干贝豆腐、菱角豆腐、泥鳅钻豆腐、枣核豆腐、口蘑豆腐糕、麻婆豆腐等。所制作的豆花也达数十种，如过

1959年的四川饭店

江豆花、口蘑豆花、酸辣豆花、杏仁豆花、冰糖豆花等，特别是用鸡脯肉剁蓉做成的“鸡豆花”，比用豆浆制成的豆花更嫩，味则比浆制豆花更鲜，是川菜中清淡鲜醇的特色菜之一。饭庄服务方式，也按照四川乡土习俗。

花竹餐厅 位于前门东大街 2 号，1983 年开业，名菜有小煎鸡、长生鸭脯、虫草鸭、八宝全鸭、棒棒鸡、樟茶鸭、鱼香大虾、烤酥方、烟熏排骨、炸“扳指”等。

燕春饭庄 位于前门外大街 14 号，1982 年开业，1984 年翻修扩建，为两层楼房。以经营四川风味菜肴为主，兼营北京特殊风味烤鸭。1988 年，在北京烹饪协会举办的烹饪大赛中，该店获得“京龙杯”“美食杯”奖。川味名菜，品种繁多，以水煮牛肉、烫片鸭子、毛肚火锅、四生片火锅等最为拿手。饭庄还与非洲国家布基纳法索合作，派出 2 名厨师开设中国风味餐馆。

峨泰酒家 位于朝阳区关东店大街 19 号，是以经营川菜为主兼营鲁菜的一级饭庄。原名为关东店食堂，经营大众饭菜。1984 年与四川省南充地区联营，进行改造装修，设有大、中、小宴会厅和单间雅座。市饮食服务总公司批准为一级饭庄，市旅游事业管理局定为涉外餐馆。20 世纪 80 年代末至 90 年代初，先后被评为市级优质服务单位、市级文明单位，获市旅游事业管理局“紫金杯”先进单位称号。

苏菜及名店

江苏菜又称淮扬菜，以南京、扬州、苏州三个地方菜为主，并包括两淮、南通、镇江、无锡、太湖船菜在内的多种菜肴构成，以南京菜为代表。南京菜选料严格，加工精细，擅长炖、焖、叉、烤，口味平和，花色菜玲珑细巧，用鸭制作的菜肴负有盛名。早在1400年前，鸭子已成为金陵民间饮食爱好者的上等美馔。南京板鸭是南京菜的代表，相传已有300多年的历史。南京板鸭有“贡鸭”和“官礼板鸭”之称。它的制作，从选料到煮熟，有一套传统的要求和方法。其成品造型丰满，皮白肉红，酥、香、板、嫩,余味返甜,妙不可言。鱼虾类菜品也很丰富。扬州菜选料严格，主料突出，刀工精细，火工考究，醇厚入味，清淡适口，以制作江鲜、鸡、肉类菜品和瓜果雕刻著称。苏州菜擅长炖、焖、焐、炸、熘、爆、炒、蒸、烧、汆等的全套烹调方法，菜品造型优美，色彩和谐，口味趋甜，而且汤清不淡，汁浓不滞，味和不寡，时令菜肴应时迭出，烹制的河鲜、湖蟹、蔬菜尤有特色。总之，江苏菜的特点是选料严谨、制作精细、因材施艺、注意配色、讲究造型、四季有别。在烹调上擅长炖、焖、蒸、煮、煎、烧、炒等，又重视调汤，保持原汁，风味清鲜，适应面广，浓而不腻，淡而不薄，酥烂脱骨而不失其形，滑嫩爽脆而不失其味。著名菜肴有南京板鸭、镇江肴肉、无锡肉骨头、梁溪脆鳝、母油船鸭、文思豆腐、黄泥煨鸡、银菜鸡丝、百花酒焖肉、清炖蟹粉狮子头、水晶肴蹄、鸡汤煮干丝、风鸡等。

20世纪80年代的同春园饭庄

同春园饭庄 位于宣武门大街北口路西，1930年开业，是西长安街众多的“春”字号南菜馆唯一存下的一家。饭庄经营南京菜肴，名菜达400多种。尤以烹制河鲜著称，仅青鱼一种，就能根据不同部位，采用干烧、红烧、糖醋、煎、烹、熘、炸、焖、炖等不同技法做出20多种色、香、味、形俱佳的菜肴。松鼠黄鱼是江苏名菜系中都能做的一道菜，但同春园饭庄成品菜鱼头上抬，鱼尾翘起，形态美观，炸的火候适度，外焦里嫩，调制的汁美，甜酸适度，形成独特风格。1995年，营业面积为1000平方米，营业收入700万元，职工90人。

玉华台饭庄 位于西城区马甸裕中西里23号楼，1921年创建。当时店址在王府井八面槽。有“营业殊不恶，年计最盛时可达十万金”的记载。由于营业面积不敷使用，遂迁至锡拉胡同1

号一座深宅大院内，只办包桌酒席，承办“外会”（即派员到顾客家中承办筵席）,不卖散座。1950 年该店迁至西交民巷,改称“玉华”食堂。1959 年迁至西单地区，既包办酒席，也接待散座客人。1964 年又迁至西单北大街 217 号,恢复了“玉华台”饭庄老字号。“文化大革命”期间改为“淮扬饭庄”，为市一级餐馆。其后，由于城市改造，拓宽马路，玉华台饭庄几经辗转，迁至现址。饭庄全鳝席、“开国第一宴”和汤包是玉华台的看家“三宝”，还有炝虎尾、干烧黄鱼等镇店名菜。1990 年，玉华台再次创新全鳝席，33 道鳝鱼菜有乌龙卧雪、龙凤鳝丝、荔枝青鳝、蟹盒青鳝、辣子青鳝、麒麟青鳝、笔杆鳝鱼、葱辣鳝丝等。玉华台烹制的“全鳝席”可以做成“八大碗”“八小碗”“十六个碟子”“四道点心”。1995 年，营业面积 400 平方米，营业收入 370 万元，有职工 45 人。

20世纪80年代的森隆饭庄

森隆饭庄 位于东四北大街，是经营江苏菜系中的镇江风味菜肴餐馆。1924 年在东安市场北面的金鱼胡同开设，原名森隆中西餐馆。在经营镇江风味菜的同时，还经营四川菜和素菜。西餐部分主营英式、俄式大菜和“鸡素烧”日本风味等。20 世纪 50 年代后多次迁址、易名。1980 年恢复老店名，专门经营江苏风味的菜肴。拿手菜有以鱼虾为原料的红烧头尾、松鼠黄鱼、干烧大虾、金钱虾酥、罗汉大虾、烧中段、烧“划水”（鱼尾）、奶油鲫鱼等。

五芳斋饭庄 位于王府井大街南口东侧，1924 年开业，擅长鱼虾菜。拿手菜有烧鳝段、炒鳝糊、清蒸鼋鱼、红烧鼋鱼、松鼠黄鱼、大汤黄鱼、五柳鳜鱼、砂锅鱼头、烧头尾、腌炖鲜、酱汁肉、香酥鸡、罗汉大虾、干烧大虾、大煮干丝、“五芳四宝”等 100 多种。

20世纪80年代末的五芳斋饭庄

松鹤楼菜馆 位于东城区台基厂，专门经营姑苏风味菜肴和细点，是北京具有浓厚姑苏风味的第一流餐馆。在 1984 年由北京市与苏州市联营开设，由苏州市派出荣获全国优秀厨师称号的刘学家率领擅长烹制河鲜菜肴和精制苏式船点的厨师组成的技术队伍，来店作技术指导和传授技术。名菜有松鼠鳜鱼、“天下第一菜”（口蘑虾仁锅巴）、叫花童鸡等 10 多种和四季有别的时鲜菜肴 100 多种。其中松鼠鳜鱼尤为顾客称道。

淮扬春饭庄 位于西城区三里河大街，是北京市一级餐馆，建筑面积 6000 平方米，三层楼房。一层主营大众饭菜、中层和三层经营高中档菜肴，还有一个 120 平方米的多功能大厅，可举办大型宴会和舞会。饭庄还设有 7 个谈判间和 14 间客房，为客户提供住宿和交易之用。淮扬春饭庄能为顾客提供 160 余种菜肴，以三丝鱼翅、一品官燕、扒熊掌、扒三白、锣锤鲜贝、贵妃鸡翅、清蒸蟹、炸脆鳝、糖醋鱼、蟹黄扒菜心等为代表。在 1989 年 7 月西城区“华天杯”大奖赛上，淮扬春饭庄一举夺得 5 项冠军。1995 年，有特级厨师 3 名、特级服务师 2 名。

粤菜及名店

广东菜由广州、潮州和惠州（或称东江）三个地方菜为主组成，以广州菜为代表。广州菜集南海、番禺、东莞、顺德、中山等地方风味的特色，兼有京、苏、扬、杭等外省菜以及西菜之所长，融为一体，自成一家。菜肴的主要特色是配料较多，注意装潢，讲究鲜嫩滑爽，精于炒、烧、焗、烤，用料博而杂，善制野味，尤以蛇馔出名，讲究口味，夏秋适宜清淡，冬春偏重浓醇。有“五滋”（香、松、脆、肥、浓）、“六味”（酸、甜、咸、苦、辣、鲜）之说。潮州菜又称潮汕菜，以烹制海鲜和汤菜见长，讲究刀工，口味偏重鲜香浓甜，爱用鱼露、沙茶酱、梅羔酱、红醋、橘汁等调味品。甜菜比较多，如芋泥、马蹄泥、羔煮白果等，菜品在 100 种以上，都是粗料细作，保持原料鲜味。名菜有竹筒鱼、炸虾枣、炽鸳鸯膏蟹以及沙茶食品，如工夫茶，也是潮州茶筵的特色。惠州菜以惠州为代表，又称客家菜，源于中原，其风味特色保持中州风貌，用料以肉为主，海产品少，下油重，口味偏咸，香酥浓郁，造型古朴，技法以焖、炖、煲、焗见长，用料简单，主料突出，朴实大方，喜用三鸟（指鸡鸭鹅），很少配用蔬菜，河鲜海产也不多，有独特的乡土风味。著名的粤菜有烤乳猪、咕咾肉、蚝油牛肉、脆皮鸡、冬瓜盅、生炆狗肉、盐焗鸡、豹狸烩三蛇、八宝窝全鸭、扁米酥鸡、东江大鱼丸等。

大三元酒家 位于景山西街 50 号（另一家在西三环中路甲 19 号），由中信集团兴业公司于 1983 年 3 月创办，是北京市一级餐馆。设有酒吧间和 14 个宴会厅，可同时接待 300 人用餐。主要名菜有红烧大群翅、明炉烤乳猪、太爷鸡、龙虎凤大烩、凤爪炖果狸、蛇羹、东江盐焗鸡、麒麟海皇鲍片等。20 世纪 80 年代末，大三元是“北京粤菜第一家”。其广式月饼、汤圆畅销北京。

从 1989 年夏天开始，大三元供应“生猛海鲜”。 1990 年在店内修建海水鱼池。1991 年增加冷却循环设备，自配海水饲养海产品，集养 30 余种南海水族。推出广式火锅，用料广泛，海中游的、空中飞的、地上跑的动物均可为料，多达上百个品种。火锅配料有奶酸汤、三星均和酱、原味海鲜、火锅霸王酱等。1990 年大三元酒家办起饼屋，自制广式糕点 30 多种，开办了早茶。1995 年，营业面积 4400 平方米，职工 150 人，营业额 3360 万元。

迎宾楼饭庄 1988 年 3 月开业，位于东城区北京火车站前街 18 号，为两层楼，内设大小餐厅 12 个，一楼为酒吧式的餐厅，二楼有南国风光的“南国厅”等各种风格的餐厅。饭庄擅长用粤菜的煎、炸、烩、炖等技法制作花样繁多的爽、淡、脆、嫩特色的各式菜肴，造型新颖，色泽浓重，滑而不腻，味鲜可口，自成一格，富有南国风味。著名菜肴有干煎虾碌、西施虾仁、铁板牛柳、麒麟鲈鱼、香烧肥乳鸽、迎宾片皮鸭、油泡凤绣球、蜜汁叉烧、红烧大生翅等以及中档风味菜肴 200 种。

广东餐厅 位于北京动物园对面西郊商场内，原名西郊食堂广东菜点部，1959 年开业，著名菜肴有白斩鸡、香滑鸡球、糖醋咕咾肉、咸化果汁肉脯、蚝油牛肉、清蒸和红烧鼋鱼、豆豉排骨、五柳鱼、豆乳烤鸭等。供应的广东风味点心有数十种。

羊城酒楼 位于长椿街北口，1986 年开业。烹调蚝油牛肉、咕咾肉、榄仁鸡丁、松仁鱼米、麒麟鳜鱼、瓦罐黄鳝、“植物四宝”、腰果鲜贝、龙凤丝、炒鲜奶以及甜菜“奶油饹馇”等广东传统名菜。1995 年，营业面积 700 平方米，营业收入 400 万元，职工 50 人。

浙菜及名店

浙江菜由杭州、宁波、绍兴 3 种地方风味菜组成。杭州菜最享盛名，制作精细，变化较多，昔有“京杭大菜”之称，以爆、炒、烩、炸为主，清鲜爽脆，因时而异，尤以制作竹笋菜肴见长。主要名菜有西湖醋鱼、东坡肉、叫花童鸡、荷叶粉蒸肉、干炸响铃、龙井虾仁、西湖莼菜汤等。宁波菜鲜咸合一，以蒸、烤、炖制海鲜见长，讲究鲜嫩软滑，注意保持原味。主要代表菜有红烧陈鳗、冰糖甲鱼、油爆鳝背、葱烤鲫鱼、大汤黄鱼等。绍兴菜擅长烹制河鲜、家禽，入口香酥绵糯，汤浓味重，富有乡村风味。代表菜有干蒸焖肉、绍兴虾球、绍式小扣、清汤越鸡等。浙江菜历史悠久，宋朝大诗人苏东坡称赞“天下酒宴之盛,未有如杭城也”。名菜“赛蟹羹”，相传有 700 多年的历史。宋朝迁都杭州后改名临安，各地风味饭馆也相继迁入，故而使浙江菜南北结合，日臻完善，自成体系。

知味观饭庄　位于新街口南大街 42 号，是 1984 年北京市旅店公司与杭州市饮食公司联营开设的经营浙江杭州风味菜肴的一级餐馆。餐厅分为三层。“知味观”，由杭州名厨掌灶，保持了杭州风味特色。能够制作杭州名菜 200 多种，名菜有西湖醋鱼、叫花童鸡、干炸响铃、龙井虾仁、生爆鳝片、西湖莼菜汤等。风味点心有鲜肉虾仁小笼包、猫耳朵、吴山酥油饼、西施舌（兰花酥）、糯米素烧鹅等。

北京奎元馆 位于西四南大街，1987年开业，与杭州奎元馆组成一南一北的姐妹店。杭州奎元馆创建于清同治六年（1867年），原名“奎和馆”，以经营宁式大面而出名，被称为中国最大的一家面食馆。北京奎元馆名菜有东坡肉、西湖醋鱼、生爆鳝片、西子鸽蛋、炸响铃、油淋鸡等，还经营和杭州奎元馆同样质量的虾爆鳝面、片儿川面、虾仁打卤面、宁式鳝丝面等三四十种风味面条。

闽菜及名店

福建菜由福州菜、闽南菜、闽西菜组成，以福州菜为代表，起源于福州附近的闽侯县。福州菜清鲜、淡爽，偏于甜酸，尤其讲究调汤，汤鲜味美，汤种多样，具有传统特色，并善于用红糟作配料，有煎糟、红糟、拉糟、醉糟等多种多样的烹调方法。传统名菜有醉糟鸡、糟汁汆海蚌等，糟香扑鼻，有浓厚的地方色彩。闽南菜具有清鲜淡爽的特色，以山珍海味为主要原料，经过严格挑选，精心烹制，形成了清鲜、脆润、淡素、爽口的独特风格，在调味上着重于甜、酸、淡、辣，特别讲究汤的制作和善用当地特产“沙茶酱”（系用花生仁、椰子肉、川椒、丁香、虾米、陈皮、大小茴香、白芝麻、胡椒粉、白糖等 30 多种原料磨碎或炸酥研末、加油盐煮制而成，色泽金黄，质鲜而稠，味香辣而浓郁）调味，体现了闽南特殊的风味。名菜有桂圆红鲟、沙茶牛肉、当归牛腩等。闽南小吃品种繁多，制作独特，风味迥异，如漳州手抓面、肉粽、猪蹄干拌面等都是当地群众和港澳同胞、海外侨胞喜爱的风味小吃。闽西菜有鲜润浓香特色，偏重咸辣，多以山区特有的奇珍异品做原料，制作出的油焖石鳞、爆炒地猴、姜鸡等菜，具有浓厚的山乡色彩。总之，闽菜以烹制山珍海味而著称，选料精细、刀工严谨、讲究火候和调汤调料，其风味特点是清鲜和醇、荤香不腻，注重色美味鲜。烹调长于炒、熘、煎、煨、蒸、炸等。口味偏重于甜酸、清淡，特别讲究汤的制作，其汤路之广、种类之多、味道之妙，可谓一大特色，素有“一汤十度”之称，在中国南方菜中独具一格。著名菜肴有佛跳墙、闽生果、葫芦鸡、蛏熘奇、橘味加吉鱼、七星鱼丸等。

20世纪80年代的康乐餐馆

康乐餐馆　位于安定门内大街 259 号，是一幢新建的三层楼房。该店原在东城新开路胡同 25 号，

1950年开业，当时是一家很小的家庭式餐馆，从业人员是四对夫妇，由于经营富有特色，技术精湛，风味突出，质量上乘，服务热情，细致周到，吸引了众多顾客。康乐餐馆开业以后，四次迁移地址，而跟踪顾客有增无减。菜肴有桃花泛、翡翠羹、炸瓜枣、气锅鸡、麻酱腰片、香菇肉饼、鸡汤蛋菇、过桥面等八大名菜。1981年康乐餐馆厨师赴日本进行技术表演。1983年在全国烹饪名师技术表演鉴定会上，因制作的名菜炸瓜枣、气锅鸡风味突出，被评为全国10名最佳厨师之一。

闽粤餐馆 位于王府井大街敦厚里，是主营粤菜兼营闽菜的风味餐馆。经营的粤菜突出野味菜肴。名菜有蚝油鹿肉、绿柳兔丝、芽姜炒山鸡片、椒子鹌鹑、茄汁鹌鹑、脆皮乳鸽、芫荽炒田鸡、五彩鹿肉丝、五彩蛇丝、滑蛋干贝等。其中，蚝油鹿肉是用鹿肉作主料，营养丰富、壮阳补肾，肉质软滑、鲜香浓郁；芽姜炒山鸡片，色白肉嫩，香中带辣，淡爽甘美;椒子鹌鹑，松爽焦香，极为可口。兼营的闽菜，保持福建菜馆“闽江春”的品种和风味（餐馆也是在“闽江春”原址上开设的），主要有酒糟鸭、红糟鸡、燕丸（用福建特产“燕皮”切成细丝，蘸裹在肉丸上）、七星丸、五柳鱼等特色名菜。

闽南酒家 位于东四北大街南口。1984年12月，由北京市和福建省漳州市联营开设，分为宴会厅、散座厅和小吃部三个部分。经营的闽南佳肴有100多种，著名的有鸳鸯羔鲟（即海蟹）、香芋沙茶鸡、清汤虾枣、江东鲈鱼炖姜丝、干炸凤尾虾、清炖甲鱼、生蒸龙虾、菊花目鱼、凤液龙虾、鸡球草菇、金菇双素、桂花米粉等。1995年，营业面积900平方米，营业额140万元，有职工40多人。

湘菜及名店

湖南菜以长沙菜为主要代表。早在两千多年前的西汉时期，长沙一带就能用禽、畜、鱼等多种原料，以蒸、熬、煮、炙等烹调方法制作各种款式的佳肴。经过长期发展，逐步形成了以湘江流域、洞庭湖区和湘西山区3种地方风味为主的湖南菜。湘江流域的菜，以长沙、湘潭、衡阳为中心，制作精细，用料广泛，品种繁多，油重色浓，讲究实惠。在品味上，注重香鲜、酸辣、软嫩。在制法上，以煨、炖、腊、蒸、炒见长，煨则软糯汁浓，炖则浓鲜醇香、汤清如镜，腊则柔韧不腻、咸香可口，蒸则色泽红润、软嫩鲜香。名菜有东安子鸡、麻辣子鸡、冰糖湘莲、砂锅炖狗肉、鸭掌汤泡肚等。洞庭湖区的菜，以常德、益阳、岳阳地区为中心，以烹制河鲜、家禽家畜见长，多用炖、烧、腊的制法，其特点是菜色重、芡大油厚、咸辣香软。岳阳菜以烹制鱼菜驰名于世，用各种鱼类烹制的名菜有90多种，如红烧鱼翅、松鼠鳜鱼、怀胎鲫鱼、红烧鼋鱼、清蒸水鱼等。湘西菜，以怀化、大庸、吉首为中心，擅长制作山珍野味、烟熏腊肉和各种腌肉，口味偏重于咸香酸辣，有浓厚的山乡风味。名菜有腊味合蒸、重阳寒菌、红烧

20世纪80年代的曲园酒楼

寒菌、吉首酸肉、红烧全狗、油辣冬笋尖、板栗烧菜心等，具有鲜嫩脆辣、香咸微甜的特点。

曲园酒楼 位于西单北大街路西，1949 年，曲园酒楼由湖南迁到北京。掌灶厨师凌振杰，12 岁起就在长沙曲园学徒，是北京市 1960 年第一批授予烹饪技师称号中的湘菜名厨，能做出 100 多种湖南名菜，最富有湘味特色的有“子龙脱袍”“红烧鼋鱼”“霸王别姬”、东安子鸡、五元神仙鸡、怀胎鸭子、荔枝鱿鱼等。1995 年，营业面积 900 平方米，营业收入 800 万元，职工 85 人。

马凯餐厅 位于地安门外大街鼓楼前，1953 年开业，以店主姓名作为字号，原设于什刹海后门桥，后因店址狭小，迁移到现址。马凯餐厅的湖南风味菜肴不下 300 种，著名的有玉带鳜鱼卷、火腿柴把鸡、汤泡肚尖、酸辣笔筒鱿鱼、天鹅抱蛋、红烧狗肉等。其自制的各种腊味品也有独到之处，如冬笋炒腊狗肉、豆豉蒸腊肉盒等，腊味浓郁。1995 年，营业面积为 880 平方米，营业收入为 1100 万元，有职工 90 人。

皖菜及名店

安徽菜称皖菜，又称徽菜，由徽州、沿江、沿淮 3 个地方的风味菜构成。徽州（今歙县）菜肴称皖南菜，起源于黄山麓下徽州一带，后因新安江一带的屯溪小镇成为“祁红”“屯绿”等名茶、徽墨、歙砚等土特产品的集散中心，商业兴起、饮食业发达，皖菜也就随之移到了屯溪，并得到了进一步的发展。皖菜以烹制山珍野味而著称，擅长烧、炖、蒸等技法，讲究火工，芡大油重，以火腿佐味，冰糖提鲜，朴素实惠，善于保持原汁原味。主要名菜有清炖马蹄鳖、黄山炖鸽、腌鲜鳜鱼、红烧果子狸、无为熏鸭、符离集烧鸡等上百种。沿江菜以芜湖、安庆及巢湖地区为代表，后传到合肥地区，以烹制河鲜、家禽见长，讲究刀工，注意形色，善于用糖调味，突出烟熏，并有红烧、清蒸特技。口味讲究酥嫩鲜醇、清爽浓香等。名菜有毛峰熏鲥鱼、清香砂焐鸡、熏鸭等。沿淮菜由蚌埠、宿县、阜阳等地方风味构成，善用香菜和辣椒配色、调味，一般菜咸中带辣，汤汁口重色浓、质朴酥脆、咸鲜爽口。名菜有奶汁肥王鱼、葡萄鱼、香炸琵琶虾等。

淮南豆腐宴餐厅　位于海淀区万泉路 109 号，1994 年开业。

经营徽菜“淮南豆腐宴”。餐厅200多平方米，7个单间，可摆60张桌子，能同时供500人就餐。淮南豆腐宴餐有芙蓉荷花、金玉满堂、珍珠菇豆花、皖情蒸四样等。其他徽菜出名的有“臭鳜鱼”“鮰鱼烧豆腐”等。“淮南豆腐宴”餐厅主营正宗豆腐特色菜，是由享有“京城豆腐白”之称的特级厨师白常继主理。白常继能制作200多种豆腐菜肴，其“蒙面切豆腐”特技在京城有佳话，还著有《豆腐王国》一书，行销于世。1995年，该店举办筵席，需提前三天预订。

其他地方风味名店

除了八大菜系之外，还有众多省、自治区、直辖市的名菜馆也落户北京，同时带来了它们地区的特殊风味名菜，并在北京享有盛誉，受到国内外宾客的欢迎。1995年之前主要有以下名店。

厚德福 位于南礼士路58号，清光绪二十八年（1902年）开业。民国初年至20世纪30年代，以专营河南风味菜肴著称，其鼎盛时期，分别在上海、天津、南京、西安、青岛、重庆、成都、兰州、沈阳、哈尔滨、长春等城市设立分号。1956年公私合营，1962年改名为河南饭庄，1988年12月又恢复厚德福原名。当年厚德福经营的菜肴品种多达1000多种，其中出类拔萃的有100多种。名菜肴有铁锅蛋和司马怀府鸡，用黄河鲤鱼做的糖醋瓦块鱼焙面，用鹿邑黄狗肉做的鹿邑试量狗肉，用嵩山猴头蘑做的芙蓉猴头等。1995 年，营业面积 1800 平方米，营业收入 380 万元，职工 60 人。

20世纪80年代的河南饭庄

老正兴饭庄 位于前门外大街路东，是 1956 年由上海迁京的经营上海风味菜肴的餐馆。最初在前门外大街路西，面积 370 平方米，38 名职工，开业后生意兴隆，业务量逐渐加大。1959 年迁至现址，有建筑面积 800 多平方米，营业面积 350 平方米。1981 年在天坛公园南门附近开设一家分店，定名为“老正兴饭庄南号”，经营品种与总店相同，面积 500 平方米，设有 1 个大餐厅，1 个大宴会厅和 5 个小宴会厅，可容纳 300 人用餐。

20世纪80年代的老正兴饭庄

1986年重新翻建，1988年9月重张营业，建筑面积扩大到2000多平方米，营业面积800平方米，有高档宴会餐厅6个，雅座餐厅1个，散座餐厅1个，快餐厅1个，可同时接待500人用餐，承办各种档次的宴会和小型会议。1993年“老正兴饭庄南号”奉命停业。名菜有无锡脆鳝、面拖黄鱼、响油鳝糊、清蒸毛蟹、炒蟹黄、红烧肚当、青鱼秃肺、青鱼划水、油爆虾、冰糖甲鱼等。2002年，老正兴开发研制的寿桃系列产品被批准为国家专利产品，老正兴也被誉为“京城寿桃第一家”。

美味斋餐厅 位于菜市口路北，是1956年与老正兴饭馆一起迁京的经营上海风味菜肴的餐馆。北京美味斋餐厅主要技术人员都来自上海“美味斋”，因而烹调制法、经营品种、风味特色，都基本相同。其经营的名菜有松鼠鱼、烧“肚当”（即鱼去头尾的中段肚腹部位）、烧“划水”（鱼的尾部）、砂锅大鱼头、五香大排、糖醋小排、洋葱猪排、红烧明虾、油爆虾、生炒鳝丝、清鸡骨酱、八宝辣酱、炒“菊红”（即炒剞花鸭胗）、小白蹄、鸡丝鱼翅、烂鸡海参、鸡蓉鱼肚等。同时，也独家经营猪油菜饭和各式南味点心。1995年，营业面积600平方米，营业额292万元，职工120人。

晋阳饭庄 位于珠市口西大街路北241号，1959年开业，是经营山西菜肴的餐馆。晋阳饭庄的地址，是一座基本上保持着200多年前风貌的古建筑，曾经是清乾隆年间《四库全书》总纂官纪晓岚的住处。晋阳饭庄著名的菜肴有炒鸡脯、“五滋汤”红白过油肉、太原焖羊肉、香酥鸭、蝴蝶海参、牡丹银耳等，其中香酥鸭曾获国家商业部优质产品“金鼎奖”。经营的主食和面点著名品种有大卤刀削面、什锦炒拨鱼、三鲜猫耳朵、闻喜饼、黄米油糕、炸辫子酥、焦包等。1985年与日本“三色旗”株式会社合作在东京开设两家分店，并派遣十余名厨师常年在日工作。1995年，晋阳饭庄营业面积885平方米，营业额742.9万元，有职工95人。2001年10月，北京市政府决定修复纪晓岚故居，开设纪晓岚纪念馆，晋阳饭店扩大到与之相连的东侧营业楼中，餐位增加到可同时接待近600人用餐。

20世纪80年代的晋阳饭庄

松鹤酒家 位于海淀区五棵松沙窝，是经营湖北风味菜肴的餐馆，1986年开业，由北京市与武汉大中华酒楼联营开设。松鹤酒家名菜有清蒸武昌鱼、葡萄青鱼、五丝蒸鲤鱼、牡丹鳜鱼、双味武昌鱼、五彩鱼丝、花仁鱼饼、扇形鱼卷、“二龙戏珠”、雪山鱼片等，还有从鱼头至鱼尾做成50余种菜肴的“全鱼席”。

滕王阁大酒家 位于骡马市大街79号，是1987年北京市宣武区副食品公司与南昌市饮食服务公司合资联营开设的经营江西风味的赣菜馆。代表菜有清炖泰和乌骨鸡、三杯仔鸡、铁板牛肉、“四星望月”（即粉蒸鱼）、清蒸荷包红鲤鱼、红酥肉、炒米粉、葵花莲子等。

昆明餐厅 位于前门外煤市街，是北京与云南联营开设的云南风味菜肴的餐馆。餐厅主要技术人员由昆明市派来，一些原料也由云南运来。经营的油鸡是用一种云南特产——鸡枞为主料制成。鸡枞是一种特殊菌类，形如蘑菇，肉质鲜嫩，其味如鸡，故名鸡枞。被人们视为菌中珍品。

贵阳饭店 位于西城区三里河西口，是北京市与贵阳市联营的一家综合性企业。名菜有宫保鸡丁、八宝甲鱼、气锅鸡、盐酸干烧鱼、金环鱿鱼、红油鸭掌、糟辣脆皮鱼、魔芋烧鸭、天麻罐鸡、金钱肉、鸡爪鱼翅、金钱海参、酸辣锅巴海参等。1995 年，营业面积 8642 平方米，营业额 1190.5 万元，职工 212 人。

松花江饭庄 位于前门外煤市街 54 号，1984 年开业，是北京经营东北风味菜肴的一级饭庄，能做多种东北风味名菜，除兰花熊掌、飞龙卧雪、白扒猴头蘑等大菜外，还能做炸纸花鸡、梅花鸡蓉发菜、松塔黄鱼、扑鼠黄鱼、白扒鱼肚、酒锅鼋鱼、金丝大虾、铁板烤肉、锅包肉、酸辣酥肉、普酥里脊、鲜姜肉丝、番茄肉排等风味菜。1995 年，营业面积 270 平方米，营业额 125 万元，职工 250 人。

延吉餐厅 位于西四北大街，是一家经营朝鲜族风味菜肴的饭馆。1943 年开业，原在西单手帕胡同，当时名叫新生冷面馆。

20世纪80年代的延吉餐厅

1956年公私合营后，迁至宣武门内石驸马大街。1963年迁到现址，改名为延吉冷面馆。1981年扩建为三层楼房，增加菜肴供应，改名为延吉餐厅。延吉餐厅著名的是朝鲜独特风味冷面。风味名菜有炸牛肉面包衣、烤牛肉、拌狗肉、扒狗肉条、菜肉烩、煎鲍鱼盒、生鱼片等。1995年，营业面积500平方米，营业收入950万元，职工95人。

吐鲁番餐厅　位于广安门大街175号，1985年9月开业，由北京市南来顺饭庄与新疆吐鲁番市吐鲁番餐厅联营开设，以经营新疆风味菜肴为主兼营北京风味。名菜有烤全羊、烤羊肉串、风味羊腿、风味羊排、手抓羊肉、穿袍丸子、辣子肉、雪莲鸡、八宝葫芦鸭、手抓饭等。

20世纪80年代的吐鲁番餐厅

成吉思汗酒家 位于朝阳门外亮马桥安家楼，1986 年开业，是北京唯一以蒙古包作为营业场所经营蒙古风味菜肴的餐馆，店内布局体现蒙古牧民特色。主要名菜有蒙古涮羊肉、烤羊腿、手扒羊肉、拔丝驼峰、“乌日莫”（奶皮）和“胡日得”（奶酪）等。

京菜及名店

北京菜是北京饮食市场的主体，博采兼收各大菜系、宫廷菜、官府菜和各族的烹调技艺之特长，经过长期交融汇集而成。对北京菜形成起重大影响的是山东菜，其鲜、咸、脆、嫩的特点，比较符合北京人的口味。山东菜落户北京后，为更好地适应北京人口味，逐渐演变为与山东风味有较大区别的北京菜的主体部分。宫廷菜、官府菜的烹调技艺流入民间，对北京菜的发展和形成独特风格起了重要作用。历代宫廷，特别是清宫御膳房，名师云集，制作精细，佳肴美点，独具一格。辛亥革命后，清宫风味菜点和烹调技术流入民间，成为北京菜的特色流派。来自各地的官员们住在北京，互相宴请，将各地风味菜肴与北京菜结合，出现一批清新、鲜美的官府菜，为北京菜的形成增加了新的内容。北京作为都城，各民族在此和谐共处，多民族的烹调技艺和风味隽永的菜点相互交融，使北京菜兼收并蓄。北京菜，成为中华民族饮食菜系中独树一帜的菜品。

北京烤鸭及名店

北京菜中的烤鸭是特殊风味。古人说："京师美馔莫妙于鸭，而炙者尤佳。"今人则说它是"国菜"，国际友人则称赞为"天下第一菜"。烤鸭是经过多道工序精心烤制而成的，成品色泽枣红、鲜艳油亮，外焦里嫩，醇香不腻。将刚烤熟的鸭子片成薄片，蘸甜面酱、加葱白段，用荷叶饼卷着吃，鲜美异常。

便宜坊烤鸭店 中华著名老字号，焖炉烤鸭的代表，国家特级餐馆。明永乐十四年（1416 年），在宣武区米市胡同开设，是

20世纪80年代的便宜坊烤鸭店

北京最早的烤鸭店。当时是前铺后家的小作坊，没有字号，由于货好价廉，买主称其为“便宜坊”。清代，朝廷也常差人将便宜坊的焖炉烤鸭送进宫内。清《五台照常膳底档》记载，乾隆皇帝爱吃便宜坊焖炉烤鸭，御膳房专门设立为皇帝制作烤鸭的“巴哈房”。“巴哈”是满语，系汉语“便宜”的音转。清咸丰五年（1855年），前门外鲜鱼口又开了一家“便宜坊”，经营烤鸭外，还有驴肉、肉肠、丸子、鸡块、鸭块、清酱肉、桶子鸡等十余种特色菜肴，生意好于其他“坊”字烤鸭店。一些富商大贾看到烤鸭有利可图，便纷纷开办烤鸭店，并挂起与便宜坊同音的招牌。1926年的《北京指南》载，当时挂便宜坊、便意坊的烤鸭店有9家。为了区别，米市胡同“便宜坊”在便宜坊前加了一个“老”字，称“老便宜坊”。1937年卢沟桥事变爆发，米市胡同“老便宜坊”掌柜曲述文率伙计参与抗日遭日伪汉奸迫害，“老便宜坊”宣布歇业。为

20世纪80年代的便宜坊烤鸭店

不使中华烹饪绝技失传，将老号所存“烤焖技法”和“鲁菜菜谱”交给鲜鱼口便宜坊店主，继承发展了老号技艺。1953 年，鲜鱼口便宜坊在烤鸭业率先公私合营。1974 年政府出资在崇文门外大街新建一座建筑面积达 3200 平方米，拥有现代化设施，可容纳 1000 多人同时就餐的“便宜坊烤鸭店”，鲜鱼口便宜坊的大部分员工迁至新店。老店改名为“便宜坊烤鸭店西号”。1984 年，“便宜坊烤鸭店西号”迁至天坛东侧路 73 号。老店原址经装修重张“鲜鱼口便宜坊烤鸭店”。随后，便宜坊幸福店、便宜坊安华店、便宜坊航天店、便宜坊新世界店相继开业。

全聚德烤鸭店 中华著名老字号全聚德，清同治三年（1864 年）在前门外肉市开业。用果木作燃料，旺火热炉制作挂炉烤鸭，兼卖活鸡活鸭，经营以外卖为主。清光绪二十七年（1901 年），全聚德原址上翻建二层小楼，推出鸭皮蘸酱吃，鸭肉炒菜吃，鸭油蒸蛋羹，鸭架熬汤喝的“鸭四吃”，成为日后全鸭席雏形。1930 年全聚德实行所有权与经营权分离。“全鸭菜”使全聚德在 20 世纪 30 年代中期坐上京城烤鸭的第一把交椅。20 世纪 40 年代，因为战乱，局势动荡，全聚德开始衰落。北平解放前夕，全聚德濒临破产。1952 年 6 月 1 日，在北京市人民政府的帮助下，全聚德实行公私合营，生意开始好转。1954 年，全聚德在西长安街建立解放后第一家分号（后撤并）。20 世纪 50 年代中期，全聚德第三代烤鸭师、第四代烤鸭师作为中国援苏专家分批到苏联莫斯科传授烹饪技艺。1956 年工商业社会主义改造之后，全聚德变为公有制企业。1956 年 12 月，毛泽东主席在同全国工商联负责人谈话时指出："全聚德要永远保存下去。"1957 年 3 月，北京市市长彭真在全聚德宴请捷克斯洛伐克政府代表团，周恩来总理出席宴会后对全聚德经理说："你们是个百年老店，有一块很吸引人的金字招牌，要爱护你们的金字招牌，把生意做好，为国家多做贡献。"1959 年，全聚德在王府井帅府园又建立分号，1963 年，全聚德老店扩建改造。20 世纪五六十年代，

1959年的王府井全聚德烤鸭店

周恩来总理到全聚德宴请外宾，向外宾解释全聚德三个字的含意，是"全而无缺，聚而不散，仁德至上"。1966 年"文化大革命"开始后，全聚德牌匾被当作"四旧"被红卫兵摘掉，被迫更名为"北京烤鸭店"。20 世纪 70 年代初，中国重返联合国，周恩来总理曾用全聚德烤鸭宴请美国总统特使基辛格博士。根据周恩来总理生前建议，1979 年建成全聚德和平门店，成为当时世界上最大的风味餐馆之一。

1982 年，北京烤鸭店恢复全聚德字号，从故宫博物院找回失落的牌匾，重新挂在大门上方。同时对全聚德挂炉烤鸭及全鸭席菜品进行系统总结，出版了《北京全聚德名菜谱》。

1983 年，全聚德三家店被分为两部分，前门店归属于北京市饭店总公司，王府井店与和平门店归属于北京市饮食服务总公司。三家店在各自原有基础上都迅速发展。1987 年，和平门店特级厨师陈守斌在卢森堡举办的世界烹饪大赛中荣获“国际烹饪大师”称号。1988 年，和平门店又出版了《全聚德烤鸭技术与名菜点》一书。20 世纪 80 年代末，全聚德商标首先被北京市饮食服务总公司注册，出现三家店互相争“正宗”的矛盾。经北京市政府协调，决定组建集团公司。1993 年 5 月，成立中国北京全聚德烤鸭集团公司。1997 年，按现代企业制度转制为中国北京全聚德集团有限责任公司。拥有 50 余家成员企业，年营业额 9 亿多元，销售烤鸭 300 余万只，接待宾客 500 多万人次。

20世纪80年代的全聚德烤鸭店

在百余年里，全聚德菜品不断创新发展。全聚德开业之初，采用宫廷挂炉烤鸭法，主要是用枣木作燃料。当时烤鸭店售烤鸭，用蒲包包好带走或用提盒装好送到用户家中，不卖饭座。全聚德首先打破规矩，在经营烤鸭同时增添山东风味的菜肴，开始卖座。全聚德厨师，重视创新菜肴，利用鸭的舌、心、肝、胗、胰、肠、膀、掌等，创制了丰富多彩的“鸭菜”，其中脍炙人口的就有烩鸭四宝、芫爆鸭胰、火燎鸭心、卤鸭胗、酱鸭膀、芥末拌鸭掌等，多达 140 多种，组成了堪称一绝的“全鸭席”。全聚德菜系，被外国元首、政府官员、社会各界人士及国内外游客所钟爱，成为中华民族饮食文化的精品。全聚德历史文化曾先后被改编为话剧《天下第一楼》、电影《老店》和电视连续剧《天下第一楼》。

全聚德曾被授予“全国文明行业示范点”“全国五一劳动奖状”“全国质量管理先进企业”“国际餐饮名店”“国际质量金星奖、白金奖和钻石奖”“国际美食质量金奖”“全国商业质量管理奖”“中国十大文化品牌”“中国餐饮十佳企业”“中国最具竞争力的大企业集团”和“北京名牌产品”等荣誉和奖励。全聚德商标被国家工商行政管理总局认定为首例服务类“中国驰名商标”，连续四届被评为“北京市著名商标”。

21 世纪初，便宜坊烤鸭店与全聚德烤鸭店并驾齐驱，成为北京两家著名的烤鸭店，也是两种烤鸭技艺流派的代表。顾客想吃挂炉烤鸭，就上“全聚德”，想吃焖炉烤鸭就到“便宜坊”。经北京市人民政府批准，便宜坊焖炉烤鸭技艺、全聚德挂炉烤鸭技艺均被列入北京市非物质文化遗产名录。

宫廷风味及名店

宫廷风味，这里主要指清宫风味。历代封建王朝都设有管理制作皇帝后妃膳食的机构，明、清两代设有光禄寺、御膳房等各种膳房，清宫膳房机构尤为庞大。清康熙至乾隆百余年间，天下太平，物阜民丰，为满足帝王生活享受，大量征招民间名厨作为“供奉”，又广集水陆之珍、风味特产等原料（又称贡品），通过技艺精湛的御厨精工细作和不断改进，创造了丰富多彩的清宫菜点。从保存在故宫博物院的乾隆皇帝的御膳档案来看，当时清宫菜肴确是南北荟萃，蔚为大观。到了清朝末年，慈禧当政，更是穷奢极欲，既讲究排场，又讲究口味，御膳房又一次扩大，御厨达 300 多人，使清宫烹饪艺术和佳肴美点得到了充分的发展。帝后日常之膳食，形成了制作精细、色彩美观、味道醇鲜、软嫩清淡的清宫风味特点。清王朝覆灭后，原在御膳房当差的部分御厨到社会上开设“仿膳”饭馆，为保存、流传清宫风味的烹调艺术和珍馔美点做出了贡献。北京经营清宫风味的著名餐馆有两家，即仿膳饭庄和听鹂馆饭庄。

仿膳饭庄　位于北海公园琼岛漪澜堂内，是被国际友人誉为“天下第一”的、专门经营清宫风味菜点的著名特色餐馆。1925年，北海公园开放，在公园内开设了仿膳茶社，经营清宫的菜肴和点心。由于烹调方法和品种是仿照清宫御膳房做的，故取名“仿膳”。至中华人民共和国成立前夕，一度被迫停业。1955年，由国家经营，找回老御厨，恢复了昔日风采。仿膳饭庄经营的清宫风味，有燕窝庆字口蘑肥鸡、燕窝贺字三鲜鸭子、燕窝新字什锦鸡丝、燕窝年字锅烧鸭子等“庆贺新年”的四品组菜以及类似的“万寿无疆”“福如东海”等

20世纪80年代的仿膳饭庄

组菜，有形象生动、色彩绚丽、清淡纯鲜、味美绝伦的罗汉大虾、怀胎鳜鱼、凤凰趴窝、蛤蟆鲍鱼、乌龙吐珠、鱼藏剑、金鱼鸭掌等风味菜。有用料虽不名贵而风味独特的抓炒鱼片、抓炒里脊、抓炒腰花、抓炒大虾的“四大抓”和炒黄瓜酱、炒豌豆酱、炒胡萝卜酱、炒榛子酱的“四大酱”，又有精致、玲珑、松软、咸鲜、甜香可口的肉末烧饼、芸豆卷、豌豆黄、千层糕、小窝头等美点。仿膳饭庄分3个庭院、14个餐厅，可同时接待筵席和散座顾客300多人，成为全市第一流的饭庄。1978年起，经过挖掘和整理，

恢复了“满汉全席”的供应。

听鹂馆饭庄 是著名的中华老字号宫廷风味饭庄，国家级特级餐馆，北京市旅游局五星餐馆和中国药膳名店，以经营正宗的宫廷风味菜肴、满汉全席、宫廷御膳、宫廷寿膳、宫廷滋补药膳闻名于世。听鹂馆饭庄位于北京颐和园内万寿山南麓，是园内 13 处主要建筑之一。清乾隆十五年（1750 年），乾隆皇帝为其母亲孝圣皇太后祝寿而修建听鹂馆，后被英法联军烧毁，清咸丰十年（1860 年）重建，成为慈禧太后宴请外国使臣及宠臣、妃嫔们看戏、听音乐、饮宴的场所，慈禧太后题写匾额“听鹂馆”，因借黄鹂鸟的叫声比喻戏曲、音乐之优美动听而得名。1914 年，由商人开设听鹂馆励志社招待所，开展餐饮、茶座服务。1924 年，商人在听鹂馆开设万寿山食堂。1949 年 3 月 25 日，毛泽东从西柏坡进北平后在颐和园益寿堂的第一餐饭就是由听鹂馆制作送至益寿堂用餐的。1949 年 4 月，听鹂

20世纪80年代的听鹂馆餐厅

馆称为听鹂馆饭庄，被辟为专门接待中央首长及世界各国贵宾的场所。中华人民共和国成立初期，毛泽东、周恩来、朱德、邓小平、陈毅等国家领导人都多次在颐和园进行政治、外交活动，在听鹂馆饭庄接见、宴请外国客人。全国第一届政治协商会议召开期间，周恩来总理曾在这里举行招待会，至今在餐厅里仍保留着周恩来当时宴请时所用桌子，现在命名为“历史名人专桌”。听鹂馆饭庄对颐和园寿膳房的菜单和大量宫廷饮食档案资料进行研究，形成了一整套宫廷寿膳宴席，有集满汉经典菜肴于一席的满汉全席，包括祝福延年益寿的万寿无疆席、祝福吉祥如意的福禄寿禧席、象征太平盛世的江山万代席等，以及各种不同功能的宫廷滋补药膳。1995 年，听鹂馆饭庄占地 6000 余平方米，营业面积 2700 余平方米，有“寿膳厅”“福寿厅”“贵寿厅”“药膳厅”等大小餐厅 8 个，可同时接待 500 余人就餐。

御膳饭店　位于天坛公园北门，天坛路 87 号，1989 年 8 月 22 日开业。御膳饭店经营的系列宫廷菜肴，保持了皇家菜品的原汁原味。招牌菜有玉掌踏雪、罗汉大虾、绣球干贝、抓炒里脊、梅花鹿筋、蛤蟆鲍鱼、一品豆腐、熘鸡脯等，创新菜肴中的名品有宫门献鱼（太公鱼）、塞北羊腿、黄酒白鳝、松仁鹿肉米、金衣香蕉卷、酱香蟹、蜇头爆双脆、百合富贵球等。饭店的宫廷御点更是一绝，有玉兔白菜、绒鸡待哺、什锦花篮、金鱼饺、寿桃、三色糕、绿豆糕等。御膳饭店最著名的是“满汉全席”。1990 年，御膳饭店组织专人并聘请专家精心挖掘满汉全席。全席分为六宴，均以清宫著名大宴命名，即“千叟宴”“廷臣宴”“万寿宴”“九白宴”“节令宴”和“蒙古亲藩宴”。六宴有冷荤热肴 196 品，点心茶食 124 品，合计 320 品，囊括了天下四方的“八珍”（如禽八珍、海八珍、山八珍、草八珍），全部享用六宴，需要三天时间。饭店开业以来，接待了许多国家领导人和各界知名人士。御膳饭店的满汉全席在烹饪大赛中多次获得金奖。花雕白鳝、宫门献鱼、塞北羊腿、松仁鹿肉米、豌豆黄、芸豆卷，被中国饭店协会评为“中国名菜名点”。

官府菜肴及名店

“谭家菜”是北京一个家庭式餐馆的店名，由清朝末年官僚谭宗浚后人开设。按照谭府家庭做法，经营 200 多种名菜名点，因此“谭家菜”又是指谭府系列名菜的总称。

“谭家菜”餐馆开业于 20 世纪 20 年代至 30 年代（开始为变相营业，后才正式开业），地址曾先后设在西城区丰盛胡同和宣武区米市胡同。抗战胜利后，地址迁到宣武区果子巷内。1954 年，遵照周恩来总理“一定不要让谭家菜失传”的指示，改为国营，迁到西单北大街恩成居饭庄后院营业。1958 年迁入北京饭店内，成为北京饭店四大风味之一。

“谭家菜”以其独特风味，技压群芳，享誉京华。清末民初就流传“戏界无口不学谭（京剧泰斗谭鑫培）、食界无口不夸谭（谭府家菜)”之说。“谭家菜”餐馆开业之初，不卖散座，只办筵席，每天只在晚上办二三桌，每席价格之高令人咋舌。后增加中午筵席，仍然既无“虚夕”，又无“虚昼”，订座时间长达一个月左右，甚至托人才能订座。“谭家菜”如此受到欢迎，主要是谭府两代主人刻意在吃的方面下功夫研究和创新。一方面吸收全国各地美味之特点、做法，另一方面不惜重金聘请名厨来家做菜，学其技艺。“谭家菜”风味主要特点是精细、入味，所有菜肴，都是“以味媚人”。谭家做菜，一是选料精，下料狠。做菜以汤调味，吊汤下料必用整鸡、整鸭、干贝、金华火腿等熬制，汤清而味浓。二是讲究原汁原味。吃鸡品鸡味，吃鱼尝鱼鲜，一般不用干扰本味之调料。三是注重火候入味。谭家做菜，火眼多(一般有四个)，火候足，特别是制作山珍海味菜，都用慢火细做，烧入味，做出菜肴，味透，味鲜，味长，软烂可口。四是口味适中，南北皆宜，无论是南方人或北方人都很爱吃。谭府家菜有 200 多种，尤以海味菜最拿手，如“黄焖鱼翅”“砂锅鱼翅”“清炖鱼翅”“海烩鱼翅”等。汤鲜味美的“蚝油鲍鱼”、新颖别致的“柴把鸭子”、脆嫩香鲜的“两色大虾”、清淡适口的“银耳素烩”，都脍炙人口，素菜、甜菜、冷菜以及各类点心，也很出色，有口皆碑。

“谭家菜”开始属于广东风味，后发展为南北合流的独树一帜的风味。“谭家菜”形成和发展于北京，扬名于北京，因而成为北京菜系的组成部分。在谭家女主人掌灶期间，技术绝不外传。1943 年后，谭家起用彭长海掌灶，彭的烹饪技艺长足进步，掌握了“谭家菜”的独特技艺。1958 年“谭家菜”全部班子迁入北京饭店，正式对外营业。1995 年，北京“谭家菜”班子，拥有 25 名厨师、2 名特级厨师。

北京地方风味名店

北京地方风味名店，有的是地道北京风味，也有在山东风味基础上逐渐改进适应北京人口味的北京风味。

砂锅居饭庄　位于西城区缸瓦市，开业于清乾隆六年（1741 年）。原名叫“和顺居”，因 200 多年来一直使用砂锅作为重要的烹调工具，并专门以猪肉和内脏做原料，做出品种繁多、风味独特的菜肴，人们就叫它“砂锅居”，后来成了正式店名。“砂锅居”用的是普通猪肉原料，做的是猪肉菜,创造了独特的“白煮、烧、燎”等技法，使用普通的原料，做出了别有风味的菜肴。1949 年以后，就餐顾客日益增多，还有许多外宾，

20世纪80年代的砂锅居饭庄

在原址以南的百米处，新建了砂锅居饭庄，辟有外宾雅座和散座餐厅，使更多的国内外宾客品尝地道的北京风味佳肴。1995 年，营业面积 1430 平方米，营业收入 926 万元，职工 64 人。

柳泉居饭庄　位于西城区新街口南大街路西，开业于明代，原是一个黄酒摊，清末改为饮食店，主要经营北京风味炒菜，名菜有玉黍鳜鱼、珍珠玉米笋、五彩葫芦、两味虾、琵琶大虾、油焖大虾、锅烧鸡、酥炸牛肉，还有抓炒鱼、荷包鱼翅、金钱鱼肚、云片鲍鱼、梅花干贝、芫爆鱿鱼、金丝海蟹、凤尾银耳、什锦火锅等。1995 年柳泉居饭庄为新式楼房建筑，营业面积 650 平方米，餐厅分上下两层，楼上宴会雅座，接待中外宾客，承办喜庆宴会，楼下散座餐厅，同时可接待 300 多人就餐。营业收入 735 万元，有职工 56 人。

20世纪80年代的柳泉居饭庄

鸿兴楼饭庄　位于北纬路 1 号，前身是 20 世纪 30 年代在菜市口开业的鸿兴饺子馆，1978 年迁入新址后，改为鸿兴楼饭庄，为四层楼房。饺子主要特点：一是用上等面粉制皮，擀的皮又薄又匀；二是馅心种类多，既有鲜肉馅，又有三鲜馅等多种；三是制馅精细，普通肉馅都是选用新鲜嫩肉，去筋络，手工剁，加高汤打，打至均匀透亮（又称“猫眼馅”），而且肥瘦比例适当；四是包的饺子，皮薄，边窄，馅大，汁多，味鲜，爽口；五是成熟方法多，有清水煮，有笼屉蒸，有油锅煎，还有火锅高汤水饺；六是作料好，既有上等香醋和鲜蒜，还有红油和芥末汁，别有风味。饭庄兼营颇具北京风味的珍珠鲜鱼、葱烧海参、百花鱼肚、芫爆里脊等。

清真菜、素菜和名店

清真菜是回民开设的餐馆制售的菜肴。清真饭馆都在大门上端大字书写伊斯兰教“经文”，或悬挂“经文”招牌，以示清真。回民信奉伊斯兰教（又称清真教），伊斯兰教教规对食物有“净洁相宜，污浊禁止”的规定，允许食用粮食、蔬菜、牛、羊、驼、兔、鸡、鸭、鱼、蛋等；严禁食用猪、马、驴、狗及凶猛食肉类的动物等。因此，清真餐馆所用的原料和制售的菜肴，都有严格的范围。由于回民居住地区分布较广，清真菜可分为不同的流派，有西南、西北和华北（包括京、津）地区的清真菜肴。其中，京、津两市的清真菜最有特色，被视为北方清真菜的代表。

北京清真菜及名店

公元 7 世纪（唐朝）时,回民从西域来到北京,13 世纪时（元朝）大量定居北京，在饮食市场上出现了清真食品，以牛、羊肉为主料的烹调技艺有了很大发展，当时主要是临街设摊，或走街串巷，提篮小卖。明朝时，又有大批回民迁入北京，而且多居于交通要道地区。清代，回民从内城迁至牛街。清代后期出现了清真菜馆。

元、清两代宫廷亦多喜食羊肉，许多宫廷制法的名菜如涮羊肉、锅烧羊肉、爆炒肚仁、“它似蜜”等传入民间，都作为北京清真风味名菜而名扬四海。

清朝时期北京主要清真饭馆名称、菜品、设立时间及地址分布为：烤肉宛烤牛肉，康熙二十五年（1686 年），宣内大街路东；白魁（东广顺）五香烧羊肉，乾隆五年（1740 年），隆福寺街路南;壹条龙（南恒顺）扒肉条、芫爆肚丝,乾隆五十年（1785 年），前门外大街路西;烤肉季（潞泉居）烤羊肉,道光二十八年（1848 年），什刹海北岸；元兴堂（起源馆）酱爆里脊、扣烧羊肉，咸丰年间（1851—1861 年），王广福斜街；通州小楼（义和轩）烧鲇鱼，光绪二十六年（1900 年），通州南大街；馅饼周（同聚馆）牛羊肉馅饼、小豆粥、炮糊，光绪年间（1875—1908 年），前门外煤市街内；明远（明远号）五香酱牛肉，光绪二十六年（1900 年），花市东大街；东来顺涮羊肉，光绪二十九年（1903 年），东安市场；西域楼烧羊肉、爆羊肉、烩羊肚丝、冰糖莲子羹，光绪年间（1875—1908 年），前门外大栅栏东口。

民国时期，清真菜馆继续发展。1931 年西来顺饭庄开业，在不违背伊斯兰教规原则下，大胆吸收、移植汉民菜（主要是鲁菜）和西菜的品种以及烹调技法，增加了清真菜的经营品种，提高了清真菜烹调技艺，培养出了一批清真菜高级厨师。后人对这次改革的菜点称为新派菜，或称西派菜，对以前的菜称为旧派菜，或东派菜。西派菜以西来顺饭庄为代表，东派菜以通州小楼饭庄为代表。两派菜并驾齐驱，使清真菜竞相发展，日益成熟。1935 年，同和轩饭庄引进“北京烤鸭”。从此，清真餐馆也有了“北京烤鸭”名菜。

民国时期北平市部分著名清真饭馆名称、菜品、设立时间及地址分布为：瑞珍厚煨牛肉、炸羊尾，1917 年，中央公园；两益轩面鱼、假面鱼，1919 年，李铁拐斜街；穆家寨芫爆肚丝、牛肉烩膜，1920 年，王广福斜街；同和轩烧蹄筋、红烧鱼肚，1921 年，李铁拐斜街；西来顺红烧鱼翅、通天鱼翅，1931 年，西长安街路；南祥瑞饭馆褡裢火烧，1934 年，门框胡同；南来顺干炸肉片、香酥羊肉，1937 年，天桥市场；同益轩清蒸燕菜、两吃鱼，1940 年，前门外大街；又一顺葱爆羊肉、炮糊，1948 年，宣内大街路东。

1949 年中华人民共和国成立后，北京清真菜馆又有更大发展，特别是改革开放以后，清真饭馆出现前所未有的发展局面。

20 世纪 50 年代至 90 年代北京市部分著名清真饭馆名称、菜品、设立时间及地址分布为：春宴楼袈裟牛肉、桂花鱼条、它似蜜，1954 年，西郊商场；鸿宾楼（天津迁京）全羊席，1955 年，李铁拐斜街；东德顺白烧羊脑、素炸羊尾，1965 年，朝内大街；立新民食堂涮羊肉、芫爆肚丝，1972 年，南池子大街；宴宾楼生扒羊肉、灯笼鸡，1978 年，西城三里河；京来顺涮羊肉、芝麻羊肉，1984 年，管庄；鸿云楼芫爆散丹、红烧牛尾，1984 年，朝外大街路南；紫光园饭庄炒疙瘩、烤鸭，1984 年，团结湖南路 48 楼；瑞宾楼褡裢火烧、一品肉、炸茄盒，1986 年，门框胡同；鸿雁楼白扒鱼翅、炸羊肉串，1987 年，天桥南大街；星月楼辣椒里脊、酸鲨鱼片，1987 年，东单北大街；望海楼鸡蓉鱼翅、宫保肉丁、煨牛肉，1987 年，地安门外大街 26 号；迎宾楼红烧散丹、蚝油鲍片，1988 年，北京火车站前街；和丰楼炸羊尾、扒口条，1991 年，和平街南口。

截至 1990 年，北京清真饭馆发展到 300 多家（包括部分郊区、县）。除国营、集体经营外，私营 70 多户。

2008 年，北京清真菜中的鸿宾楼餐饮有限责任公司的“牛羊肉烹制技艺”，烤肉宛的“烤牛肉制作技艺”，均被认定为国家级非物质文化遗产。

烤肉宛饭庄 位于宣武门内大街 102 号，以主营烤牛肉而闻名，是北京市一级饭庄和旅游定点餐馆。清康熙二十五年（1686 年）开业。开始推车叫卖熟牛头肉和发面饼等吃食，后购置了三间铺面房，确定字号为烤肉宛，经营烤肉、芝麻烧饼、牛羊肉包子。烤肉宛用的牛是产自内蒙古的4~5岁的犏牛和乳牛，体重约150公斤，能食用的只有20公斤左右。肉的部位是牛的上脑、里脊、米龙、紫盖，肉质最嫩。烤食前，剔去肉的筋膜，造成“肉核儿”，放入“土冰箱”里，肉被冻紧实后，切成片。烤肉用的主要工具是“炙子”。所用木柴最好是松柏木、松塔等，吃肉的方法，按照传统的方式，是自烤自吃。在烤肉宛，还有北京风味的清真菜，代表菜肴有干烧鱼、宫保大虾、芙蓉里脊、清炒龙凤丝、蜜汁鲜果卷、煨牛肉、它似蜜、香酥牛肉、炸羊肉串、炸鸡卷、鸡蓉银耳、炸羊尾等。烤肉宛饭庄几经扩建装修，已为二层楼建筑，设有散座、雅座和宴会厅，可同时供应250人就餐。1995年，营业面积570平方米，营业收入548万元，有职工35人。

壹条龙饭庄 位于前门外大街路西，清乾隆五十年（1785年）开业，为中华老字号。饭庄原名“南恒顺羊肉馆”。相传清光绪二十三年（1897年）春，光绪皇帝曾微服造访。韩掌柜立即将昨天皇帝坐过的凳子，当作“宝座”供奉起来。用黄绸子包好，不许别人再坐。于是“壹条龙”（过去把皇帝称作龙）在南恒顺吃饭的事很快在北京传开，人们便将南恒顺称为“壹条龙”。但那时随便称龙是有罪的，辛亥革命推翻清王朝的统治，1921年8月，店铺正式挂出“壹条龙羊肉馆”牌匾。1988年，企业按照伊斯兰风格扩建装修，更名为“壹条龙饭庄”。

壹条龙经营涮羊肉延续传统铜火锅吃法，特点有四：一是选肉精，用的是内蒙古专供滩羊肉，粉肉白腰，香而不膻，肉质鲜美。二是加工细，选切羊肉时，要经过一天一夜的“压肉”“排酸”，切出来的肉片薄，自然打卷，形似刨花，又不失嫩香。肉切好后按黄瓜条、上脑、磨裆、小三岔、大三岔等不同部位装盘，顾客可根据喜好选择。三是作料全，除了辣椒油和醋外，还有高级酱油、酱豆腐、芝麻酱、小磨香油、糖蒜、米酒、酸菜等。四是主食香，十斤面要放二斤芝麻，做出的烧饼多达 18 层，烙完后再上炉烘烤，外焦里嫩，香酥适口，加上一碗又细又匀的绿豆杂面，收尽油腻。壹条龙清真涮肉炭火锅被评为“北京名火锅”。

壹条龙经营的清真名菜有烧全羊、油焖大虾，扒肉条、扒口条、芫爆散丹、红烧牛尾、它似蜜、炸羊尾、香酥鸡、黄焖鸭块等。其中“烧全羊”是将羊的头、尾、蹄、心、肝、肺、肚等 15 个部位，各取一部分洗净，下锅水焯紧缩捞出，微火酱制入味，最后过油炸成金黄色，顺序码入盘中，撒上花椒盐，外焦里嫩，鲜香酥脆，别有风味。饭庄的芫爆散丹有独到之处，做成以后，白绿相间，香味扑鼻，烂而不碎，味道鲜美，清淡爽口，是一道色、香、味、形俱佳的名菜。

烤肉季饭庄　以主营烤羊肉而著称，位于北城什刹海前海东沿 14 号。是北京既可烤肉又可烤鸭的“双烤”一级饭庄，是北京市旅游局定点餐馆。清道光二十八年（1848 年）开业。原在什刹海北岸银锭桥畔义溜河沿设摊经营爆烤羊肉，有时也挑担卖些凉粉、卤面、粉皮等夏令小吃。1927 年在设摊处搭棚定点经营，起名为“潞泉居”。不久，又在棚北边，即现址购置一座小楼，并恢复“烤肉季”的字号。在“烤肉季”吃烤肉、观山景、赏荷花为什刹海的“三绝”。烤肉用的羊是西口（张家口）的黑头团尾绵羊，其次是北口（热河等地）外的长尾羊、大山羊。专用羊的上脑和后腿。早先，烤肉季的烤肉是羊肉，后增加了牛肉，要用糟牛。烤肉用的牛肉是牛的上脑、排骨、里脊，其他地方的不用。烤肉用工具主要是“炙子”。吃烤肉的方法，一是自烤自吃，边烤边吃。二是由服务员代烤，端到餐桌上吃。烤肉季还有外会业务，服务到家。只要顾客买羊肉片十斤以上，可将肉送到顾客家里，用小手推车拉去炙子、肉片、调料、木柴等，帮助顾客烤吃。烤肉季还经营烤鸭和风味炒菜。代表菜肴有手抓羊肉、扒三白、焦熘肉片、东坡羊肉、杏干羊肉、炸羊尾、鸡米海参、炸虾串、奶油扒鱼翅、白扒鲍鱼龙须菜、红烧鱼肚、番茄虾饼、炸三攒、炒甘肃鸡、鸡蓉银耳、蜜汁八宝莲子饭等 100 多种。改革开放后，“烤肉季”饭庄几经翻新扩建，楼上有 5 个小餐厅，15 张圆桌，加上楼下散座，可供 200 多人就餐。1995 年，烤肉季有职工 45 人，营业面积 1100 平方米，营业收入 960 万元。

20世纪80年代的烤肉季饭庄

20世纪80年代的鸿宾楼饭庄

鸿宾楼饭庄 位于西长安街82号，是北京唯一的一家天津风味清真饭庄。清咸丰三年（1853年）创办于天津，1955年迁到北京李铁拐斜街。1963年迁到西长安街。1988年，鸿宾楼修建改造，楼上辟有大小餐厅7个，楼下散座，接待零散顾客和一般筵席。鸿宾楼的海味河鲜菜极多，名菜有鸡蓉鱼翅、罾蹦鲤鱼、白蹦鱼丁、软熘鱼扇、鸳鸯鱼腐、两吃大虾、金钱虾托等。鸿宾楼能用羊身的各个部位做出120多种风味迥异的菜肴，组成“全羊席”。1995年，有职工160人，年营业额1千万元。

通州小楼饭店 位于北京通州区南大街12号，为三层楼房建筑。开业于清光绪二十六年（1900年）。当时字号为“义和轩羊肉馆”，是由一个小茶馆改建的普通清真小饭馆，以名菜烧鲇鱼享誉京城。开业之初，饭馆是个两间铺面房，清光绪二十九年（1903年）翻建为二层楼，屋内设座，经营的代表食品有烧鲇鱼、肉饼、炸肉火烧、肉粥、烧卖、栗子糕、糖锅盔、焦熘肉片等，门前设摊，兼营茶水。义和轩的北邻是庆安楼，是多年老字号，义和轩为“小楼”，时间一长，“义和轩”无人提及，“小楼”则为人所共知，店主挂起了“小楼”的招牌。在20世纪30年代，小楼扩建，成为两间门面、两层楼房、八间通底一条龙的企业，人员增至30人。增加了清真风味菜点，有焦熘羊肉片、炸羊尾、炸年糕、艾窝窝、卷糕、白蛋糕等60多种。1933年，购买了庆安楼，与小楼连成一体，面积扩大到480平方米，从业人员增至72人，小楼成为名副其实的大楼，成为通州第一店。1956年公私合营，小楼合进来明来顺、通顺兴、云成轩等32户，营业面积扩大为1200平方米，职工增至60多人。

1966年，小楼建了240平方米的制作室。“文化大革命”期间小楼停业。1984年，小楼开始翻新扩建，1986年7月18日建成开业，店名改为小楼饭店。为三层，营业面积2800平方米，从业124人，临时工24人。全楼共有六个餐厅，可同时接待600人就餐。日营业额最多时可达1.3万元。一楼分为南北两个餐厅，供应大众化菜点。南餐厅供应早点和小吃，约30多个品种。北餐厅供应炒菜、花卷、米饭等约120多个菜品，每日供应40多个。二楼、三楼是单间雅座和宴会厅，承办宴席，供应风味菜点，菜品有三丝鱼翅、芙蓉鱼翅、鸡蓉鱼翅、鸡蓉海参、葱烧海参、鱿鱼丝、烤鸭等。1995年，营业额250万元。

东来顺饭庄 以主营涮羊肉闻名，是北京市特级饭庄，位于王府井大街东安市场北门内，即金鱼胡同西口16号，是一座三层楼的建筑，营业面积1122平方米，一层为散座餐厅，二、三层为大、小宴会厅和雅座。清光绪二十九年（1903年）开业，开始时卖绿豆杂面汤、豆汁和用荞麦面做的拍糕（扒糕），不久，增加了玉米面贴饼子和小豆米粥，另备有醋熘白菜、豆浆等。清光绪三十二年（1906 年），在原地搭一个棚子，挂出了“东来顺粥摊”招牌。1914 年，在原粥棚基础上建起三开间的青砖灰瓦铺面房，并定名为“东来顺羊肉馆”，主要菜品是爆、烤、涮羊肉，兼营粥摊。1923 年，将平房改建为二层楼房，可同时供应 100 多人就餐。1930 年将二层楼扩建成三层楼，增加了店基面积，内设雅座、宴会厅、大众餐厅，共有房 190 多间，雇用职工约 180 人，可同时供应 500 人就餐，成为北京市的大菜馆之一。20 世纪 30 年代，东来顺的涮羊肉已与正阳楼齐名。1935 年，七个月销售羊肉片 50441 公斤；1938 年，六个月销售羊肉片 53831 公斤；1940 年，六个月销售羊肉片 53814 公斤等。东来顺饭庄的涮羊肉有五大特点，为选料精，加工细，作料全，四汤味鲜，火力旺。东

20世纪80年代的东来顺饭庄

来顺也经营大众化的中、低档食品。有烧饼、烙饼、肉饼、馅饼、油饼、面条、杂面、玉米面贴饼子、小米豆粥，分量足，质量好，还有多种小菜，如炒疙瘩丝、醋熘白菜、炒豆酱、羊杂碎、胡萝卜酱、茄泥、辣白菜以及小青椒、香菜、葱花制成的“老虎酱”。东来顺的小吃京味十足。每到夏季是涮羊肉的淡季，增添杏仁豆腐、豌豆黄、水果、冰激凌等清凉食品；端午节，增添江米粽子；春节前后，增加江米年糕和元宵等。它的小吃餐厅，其前身原是东安市场内有近 70 年历史的“丰盛公”饭馆。其最拿手的点心有奶酪、奶油炸糕、核桃酪、奶卷、糖火烧。后来添的有芝麻烧饼、艾窝窝、薄脆、糖饼、油条、油酥烧饼、蜜麻花、炸麻团等，制作都有独到之处，吃起来非常可口。1955 年 10 月公私合营，东来顺私股资金总值约 11.2 万多元。合营后，传统技艺得到继承和发展，所用原材料按特需优先供应。其涮羊肉和烤羊肉串被誉为北京一绝。1966 年底，因楼房扩建，全部迁至新侨饭店营业，改名为民族餐厅。1969 年下半年新楼落成，全部人员迁回原址继续经营，店名改为民族饭庄。仍为三层楼房，营业面积 2700 平方米，职工增至 250 人。一、二、三层各有一个可供 100 多人进餐的大众化餐厅。一楼设有小吃部，供应奶油炸糕、奶酪、芝麻烧饼和各种甜食；二楼设有九个单间雅座；三楼有两个高级宴会厅。1979 年 10 月，恢复东来顺饭庄原名。改革开放后，东来顺成为高级清真饭庄，除经营涮羊肉外，还经营 500 多种清真菜肴。其中最有名的是烤肉、烤羊肉串、烤鸭、炸羊尾、清炸驼峰丝、扒羊肉条、芫爆里脊、鸡蓉银耳、凤尾大虾、焦熘肉片、白扒鸡肚羊、葱爆羊肉、它似蜜、炒甘肃鸡、桂花里脊、手抓羊肉、烤羊腿、芫爆散丹、烧牛尾、肉丝粉皮、雪菜冬笋、白汤杂碎等，约有200余种。1988年，东来顺重修门面，突出伊斯兰教特色，同时恢复、开发了200多种食品和风味菜肴。20世纪80年代至90年代，东来顺连锁经营，在全国15个省、市开办了50多家分店，横跨东北、华北、华东、西北、西南、中南六大区域。1995年，还在阿联酋迪拜市开办了境外第一个连锁店。1988年，北京市一商局以东风市场为基础,以企业发展为前提,采取“分解、组合、辐射、开拓”的方式，进行了股份制改造，组建了东安集团公司。同年8月18日，东安集团公司将东安市场的东来顺饭庄、五芳斋饭庄、湘蜀餐厅、和平西餐厅4家老字号，按行业归口，成立了国有民营的东来顺饮食公司，隶属北京东安集团公司，注册资金为297万元,拥有900名职工。由于“东来顺”为清真字号，公司下属有汉民餐馆，为贯彻民族政策，于1990年8月更名为“北京东安集团东安饮食公司”。1996年,按照国家企业法的要求，又改为“北京东安饮食公司”。1993年，北京市政府开始东安市场改造工程。1998年新东安市场建成，东来顺在此市场的五层恢复营业，面积1164平方米。

1986年，东来顺的涮羊肉被评为商业部优质产品，荣获“金鼎奖”。1992年，东来顺参加国家轻工业部在天津举办的烹饪展示比赛，并获金奖；同年，在上海举行的第一届中国烹饪世界博览会上，东来顺的展台荣获展台金奖；同年，派厨师先后到新加坡、法国等地参加技术表演。1994年，参加由国家民委、国内贸易部、劳动部、中国烹饪协会在沈阳市联合举办的“全国首届清真烹饪技术竞赛”，全国14个省、自治区、直辖市有350余名选手参赛，东来顺选派4名厨师参加了5个项目中4个项目的角逐,全部获奖,其中“鸳鸯鱼”和“三色果冻”,获面点类第一名,“手工切羊肉片”获金牌,冷拼“锦鸡”和热菜“鸡蓉鱼翅”“菊花鱼”分别获铜牌,“涮羊肉”获全国最佳清真风味食品奖。

西来顺饭庄 位于和平门北新华街116号，1931年开业，是清真餐馆。20世纪30年代，京城流传“东有东来顺，西有西来顺”之说。传统风味名菜有砂锅鱼翅、高丽鸡卷、去片燕窝、全爆、炮煳、菊花火锅、两吃大虾、赛银鱼、煎烹鳜鱼、灯笼鸡、葫芦鸡、“出水芙蓉”、珍珠梅花参等。20世纪80年代，掌灶特

20世纪80年代的西来顺饭庄

级厨师乔春生，在匈牙利布达佩斯举行的第五届世界烹饪大赛上，一举得到 5 枚奖牌，其中，金牌 2 枚、银牌 2 枚、铜牌 1 枚。1995 年，营业面积为 35 平方米，营业收入 200 万元，有职工 46 人。

恩元居饭馆 位于前门外煤市街 120 号，是一家门面不大的清真小饭馆，由河北省河间县的马东海兄弟二人于民国十八年（1929 年）创办。这个小饭馆的北京风味炒疙瘩名气很大。炒疙瘩，是一种主食、副食合一的特殊食品，既是一种食品，又是一种菜肴。它的来历，传说是民国初年（1912 年）在虎坊桥北边的臧家桥，由姓穆的母女二人开设的广福馆小面食铺创制的。恩元居饭馆的炒疙瘩，除用上等精面和各种鲜料外，他们做的疙瘩小如黄豆粒，鲜料（以鲜嫩部位的牛羊肉为主）切成小丁和片，过油煎炒后，色泽金黄透亮，配上蒜苗、菠菜、青豆等，绿黄相间，十分美观，又由于用多种鲜料配炒，品种丰富多彩，除牛羊肉炒疙瘩外，还有鸡丁炒疙瘩、三鲜炒疙瘩、木樨炒疙瘩等，口感筋道，味道鲜美。这个饭馆同时经营北京风味炒菜，也有一定声誉。

南来顺饭庄 位于骡马市大街 286 号，为二层楼房，总建筑面积 1080 平方米，营业面积 450 平方米，可同时接待 300 人用餐。1937 年开业于天桥公平市场，是小吃店，以经营爆、烤、涮羊肉和爆肚为主。1956 年公私合营。1956 年至 1958 年，宣武区服务公司将小吃名家“羊头马”“馅饼周”“切糕米”“焦圈王”等合进南来顺，成为北京南城最有名的经营清真风味的专业小吃店。1961 年，从天桥迁至宣武门外菜市口（即现址）。宣武区服务公司又将全区擅长清真菜的著名厨师调入南来顺，改名为南来顺饭庄。1983 年至 1991 年进行扩建。1991 年 12 月 27 日，建成开业。一楼西厅专供各种清真小吃，主要品种有馓子麻花、俊王焦圈、酥盒子、蜜三刀、蜜麻花、薄脆、麻团、炸糕、芝麻酥、豆面糕（驴打滚）、一品烧饼、艾窝窝、豆腐脑、开口笑、蜂糕、切糕、卷酥烧饼、芝麻烧饼、螺丝转、姜丝排叉、面茶、豆粥、豌豆黄、杏仁豆腐、凉粉、荷叶粥、爆肚、白汤杂碎等 150 种以上。一楼东厅专供涮羊肉。二楼单间雅座，供应清真炒菜，主要菜品有煨牛肉、烧羊肉、干炸肉片、焦熘肉片、滑熘里脊、柿汁羊柳、香酥羊肉、扒羊肉条、它似蜜、炸卷果、白爆鱼丁等数百种。二楼还承办包桌筵席、小吃宴。1994 年 5 月，在沈阳举行的第一届全国清真烹饪大赛上，南来顺夺得 2 块金牌、3 块银牌、3 块铜牌，所制作的“炒麻豆腐”获得“全国风味名牌产品”的称号。1995 年，南来顺饭庄营业额 856.8 万元，有职工 164 人。

又一顺饭庄　位于宣武门内大街路西，1948 年开业。“又一顺”的技术人员主要来自“东来顺”和“西来顺”，集两家之长，除经营两家特色外，还创出“又一顺”菜肴的独特风格，因而在北京群众中流传“西城又一顺”的说法。名菜有捶鸡生肚、白露鸡、生扒羊肉、铜锤羊肉、炮煳、干贝肚块、油炸肚仁、扒牛口条、酱炒鸡块、炸羊尾、炸卧虎饼等菜肴，以清淡、鲜嫩、醇厚、香甜见长。1995 年，营业面积 550 平方米，营业收入 460 万元，有职工 56 人。

瑞珍厚饭庄　位于东四南大街路西。1952 年开业，原址在中山公园内，以设备好、技术精、服务周到而享有盛名。当时，饭庄掌灶厨师马德起是北京清真菜大师褚连祥的徒弟，得其真传，所做的清真菜风味纯正。拿手名菜有煨牛肉、葱烧海参、芫爆散丹、扒海羊、松鼠鳜鱼、“赛螃蟹”等，尤其是煨牛肉，以选料精、作料好、火候到家、汤稠稀烂、风味十足，受到许多名人的青睐。后因故于1965年歇业。在1981年北京市恢复饮食业老字号时又重新开业，仍经营传统清真风味炒菜、涮肉、烤肉等。

春宴楼饭庄 位于北京动物园对面，1976年开业，是一个规模较大的清真饭庄。该店厨师在继承传统菜做法的基础上，博采众长，逐步形成了品种多样、色浓味醇、腴美鲜香的风格。烹调技法以炸、烧、炒、爆为主，质味以焦、嫩、鲜、咸为特色，著名菜肴有油爆肚仁、袈裟牛肉、红烧牛肉、炸芝麻鸡、荷叶鸭子、芫爆鸡条、清炒里脊、鸡蓉燕菜饼、彩蓉珍珠鱼肚、三丝鲍鱼、白扒鱼肚、奶汤银丝、素烧什锦等。该店掌灶厨师宛华富，曾得到杨永和等名师的言传身教，

20世纪80年代的春宴楼饭庄

已有相当造诣，他做的荷叶鸭子，把叶香肉香融合交织在一起，腴美而不腻，味浓而不俗，是一道风味隽永的佳肴。

宴宾楼饭庄 位于西城区三里河大街，1978年开业，原是一个规模较小的清真饭馆。1978年进行扩建，改为饭庄，聘请曾在“西来顺”掌灶的名师杨永和来店指导技术，因此，这个饭庄基本上承袭了“西来顺”的传统做法和风味特色，并有所改进和创新，经营的清真菜肴比较齐全。传统名菜有灯笼鸡、云片燕菜、一品芙蓉虾、酸沙子蟹、白露鸡、生扒羊肉、如意鸡肝卷、八宝瓤西红柿以及鸡蓉鱼翅、什锦海参、香脆肥鸡、羊肉串、它似蜜等。

紫光园饭庄 位于朝阳区团结湖南路48号楼。它原开设在朝阳门外大街路北，是一个大众化的清真饭馆，1984年改为紫光园饭庄，以炒疙瘩和烤鸭闻名北京。20世纪80年代，因朝阳门外拓宽马路，搬入红庙北里，新的楼房内部按伊斯兰教的要求设计装修，服务设施现代化。后来紫光园饭庄总店搬到团结湖南路48号楼，它设有三个分店：一是红庙北里85号楼一层，二是东大桥2号楼，三是劲松西口九区907号。经营的名菜有炒疙瘩、烤鸭、松鼠鳜鱼、焦熘肉片、红烧牛尾、扒肉条、扒口条、芫爆散丹等，上述菜均在市、区技术比赛时获过奖。这个饭庄还经营清真早点，受到群众的好评。紫光园饭庄是连续多年的市级卫生先进单位、市优质服务标兵单位和市物价、计量“双信”单位。

北京素菜及名店

素菜是以植物类食物为原料制成的菜肴。北京素菜主要有三种：市肆民间菜、宫廷菜、寺院菜。市肆民间菜来源于城乡家庭菜，是家庭菜的发展和提高。宫廷菜、寺院菜来源于市肆民间菜，是市肆民间菜的升华。在发展中，这三类菜互相渗透，取长补短，共同提高，形成了北京素菜，成为北京菜系中的一个重要组成部分。素菜的主要特点：一是完全用素的原料，即用素的主料、配料、调料烹制，选料极其精细，主料大都是营养丰富的油皮、面筋和各种豆制品等，配料多是鲜味浓郁的蘑菇、笋、玉兰片、金针菜（黄花菜）、木耳、干鲜果品等以及应时当令新采摘的时鲜蔬菜，油料和调料则用小磨香油、上等酱油、细盐、绵白糖等；二是讲究造型，素质荤形，以素托荤，用普通

20世纪80年代的北京素菜餐厅

形态的素料，通过刀法切配，做成形态逼真的各种象形荤菜，做鱼像鱼，做鸡像鸡，做什么像什么，并有荤菜香味，连大多数菜名也是用的荤菜名称。由于这些特点，素菜不但形态美观，而且清香、爽口、味鲜、不腻，又是一种低脂肪、高蛋白的保健菜品，受到群众的欢迎。

清光绪初年，前门外大街开设有“素真馆”，挂着“包办素席”“佛前供素”的牌匾。此后，北京又陆续出现了一些素菜馆，如西四的“香积园”、西单的“道德林”以及“功德林”“菜根香”“全素刘”“六味斋”等。中华人民共和国成立后，“全素刘”改为“全素斋”；清真菜馆的鸿宾楼也制作素菜，包办素席；20 世纪 60 年代又开了一家“真素斋”。

真素斋饭庄　位于宣武门内大街 74 号，是北京市一级餐厅。清宣统二年（1910 年）开业，当时在前门外大街，1964 年迁入宣武门内大街（曾一度名叫北京素菜餐厅，1987 年恢复原名）。20 世纪 80 年代时，该店是二层楼房，营业面积 430 平方米，楼下散座，供应便餐，楼上雅座，包办酒席，可同时供应 200 人用餐。饭庄名菜有焦熘肥肠、糖醋鱼、芝麻鸡、糖醋排骨、红烧羊肚菌、扒八素、白扒鱼翅、鸡酥海参、干烧鱼、雪包银鱼、炒鳝丝、清酱肉、宫保鸡丁、八宝整鸭等 200 多种。其中，“八宝整鸭”，用 18 种主料、配料和调料制成，鸭头、鸭腿，用山药制成，并用豌豆装点。鸭腹内的肉则用莲子、香菇、桃仁、豌豆等制成，外用油皮包裹，成为鸭皮，再用造型技术做成鸭形。烹调以后，置于盘内，如同真鸭，真假难辨。

功德林素菜馆　位于前门外南大街路东 158 号。中华人民共和国成立前，该店在前门外李铁拐斜街。1984 年 8 月在新址重新开业，是依照创立于 1922 年的“上海功德林蔬食处”原样建造和生产经营的，是北京经营佛家净素菜肴的饭庄。“功德林”之名取佛经中“积功德成林，普及大地”之语，喻义功德无量，造福百姓。功德林菜肴的特点是：原料以“三菇”“六耳”“新鲜果蔬”“大豆类深加工制品”为主，制作中严格遵守不用“大五荤、小五荤”的规诫（大五荤：鸡、鸭、鱼、肉、蛋；小五荤：葱、姜、蒜、韭、芥子），全凭配料、加工和烹制过程的技法，创出一道道营养合理、味道纯正、造型精美、以假乱真的净素佳肴。招牌菜有十八罗汉、金刚火方、天竺素斋、罗汉天斋、如意紫鲍、普度众生、白果芦荟、功德豆腐等。功德林的“佛门净素月饼”，素馅、素皮、素做，昭示大德圆满，并达到低脂、低糖的绿色食品标准，成为中秋月饼中的著名品牌。传统风味月饼品种有五仁、百果、黑麻蓉、椒盐、可可、莲蓉、栗蓉、杏仁蓉等，新品种有南瓜蓉、胡萝卜、香芋、百合、螺旋藻和木糖醇等。功德林将中国饮食文化与佛教文化融合，营造清、净、洁、悟氛围，北京各大寺院的方丈、住持等办法事、过生日等多在此处举行。中国佛教协会接待外宾及每年“两会”（全国人民代表会议和中国人民政协全国委员会会议）期间佛教界代表、委员的宴请亦在功德林举办。

全素斋　位于王府井锡拉胡同东口路南 213 号。创办人刘海泉 14 岁起在清宫御膳房素局当差，出宫后于光绪三十年（1904 年）在东安市场南花园摆摊，出售清宫风味素菜，主要品种是八宝炒糖菜、栗子鸡、烧肝尖、素火腿、素什锦、香菇面筋、独面筋，还包办整桌“四四到底”的素席，即4个冷荤、4个炒菜、4个大件（鸡、鸭、鱼、肘）、4个压轴菜（以甜食干果为主的4样菜），素菜荤名。顾客称之为“全素刘”。1936年请人写了一块长方横匾，中间是“全素刘”，两边小字分别是“四远驰名”和“只此一家”。20世纪30年代刘海泉之子刘云清掌握了清宫风味素菜制作方法，能做辣子鸡丁、素烧羊肉、素酱肉、素肠、松仁小肚、炸兰花干、饹馇盒、饹馇圈、圈松肉等242个素菜品种。1953年，全素刘改名为“全素斋”。1956年公私合营并入春元楼饭馆。1985年12月，全素刘在北京站西街重新开张，后因北京站西街扩展马路，移至王府井现址，并恢复全素斋店名。

风味小吃及名店

历史上北京饮食市场经营小吃的，除少量店铺外，大多是摊贩，或挑担推车叫卖，或摆摊制售，专业店铺也都是小店、小铺，经营专一品种或几个少数品种。

1956年全行业公私合营后，私营饮食业调整合并，大都变为门店经营。经营小吃的店铺大体分为三种情况：一是合并组成规模较大的专业小吃店，品种多达几十甚至上百种。拥有一百名职工以上的大型专业小吃店，有南来顺、隆福寺小吃和西四小吃店3家，前两家是清真风味，西四小吃店兼有回汉风味。王府井第一清真餐厅，也是一家较大的小吃店。原为东来顺联号的又一顺饭馆，以继承清真传统风味小吃为目标，小吃品种也比较多。二是正餐饭馆附设的小吃部。三是早点、夜宵店。北京的名点小吃品种繁多，风味迥异，形色俱美，经济实惠，在饮食市场有重要地位。

名点（又称点心）与小吃虽然是两个称呼，但有着密切的联系。一般来说，点心是指正餐饭馆经营并在宴会上供应的小吃，有些点心作为零食向顾客零散出售时也称为小吃。小吃是指一些店、摊专门经营的零食一类的食品，北京人爱把这类零食称为"茶食""碰头食"。

北京饮食市场上的小吃，大体分为北京风味和外省市风味两大流派。京味小吃则分为宫廷小吃、民间小吃两类，民间小吃又分为汉民小吃、清真小吃两类。京味小吃有着悠久的历史，在公元12世纪时就已出现了枣糕、烧饼等小吃。在以后的几个世纪中，不断博采各地小吃之精华，推陈出新，逐渐丰富了京味小吃的内容，并形成了自己的风味特色。京味小吃的特点是广博，花色繁杂，应时当令，四季有别，做法多样，工艺精细，口味丰美。京味小吃的品种有两三百种，由于形式和馅料不同，具体品种更多。小吃店的数量是:1957 年 68 家、1985 年 1008 家、1986 年 1264 家、1987 年 3160 家、1993 年 7453 家、1994 年 8688 家。

清真小吃及名店

清真小吃是北京三大小吃（清真小吃、汉民小吃、宫廷小吃）之一,在北京小吃市场占主导地位。清真小吃品种多,制法细,色、香、味、形俱佳，历来受到人民群众的欢迎。

清真小吃出现于元朝，当时主要是卖阿拉伯民族的传统食品,比较流行的一种小吃是秃秃麻食（又称手撇面),其次是肉粥、肉火烧、炸卷果等。明朝时,清真小吃有“八耳搭”“哈尔尾”“古刺赤”“海螺厮”“即你匹牙”“哈里散”“秃秃麻食”等。清朝时，小吃食品更多。中华人民共和国成立前，经营清真小吃的大多是街头摊贩和在各大庙会定期设的摊。1995 年，北京市清真小吃店经营的小吃品种有 200 多个，著名的有 70 多个，主要有:油饼、油条、馓子麻花、蜜麻花、干糖麻花、焦圈、开口笑、姜酥排叉、薄脆、江米面麻团、江米豆馅炸糕、烫面炸糕、脆麻花、糖包、炸回头、炸肉火烧、炸江米烧饼、火烧、芝麻烧饼、芝麻烧饼夹肉、糖火烧、油酥火烧、螺丝转、咸酥火烧、一品烧饼、麻酱烧饼、甜咸烧饼、墩饽饽、五连烧饼、咸蝴蝶卷、芝麻酥、鸳鸯卷、豆沙烧饼、煎饼、卷酥烧饼、芝麻油酥饼、盘丝饼、清油饼、家常饼、豆沙包、豆面糕（驴打滚）、艾窝窝、豌豆黄、芝麻卷糕、栗子糕、江米面麻团、烧卖、盆糕、开花馒头、元宵、豆汁、豆浆、豆腐脑、老豆腐、炸豆腐、炒麻豆腐、杏仁茶、茶汤、面茶、油茶、凉粉（拨鱼）、扒糕、八宝粥、小豆粥、肉粥、黑米粥、芫爆肚仁、油爆肚仁、油爆肚领、水爆肚领、水爆肚仁、水爆牛百叶等。

西德顺爆肚店　爆肚是深受北京人喜爱的一种清真风味小吃，主要原料为羊肚和牛肚，根据肚的不同部位加工成不同品种，放入旺火沸水锅中一爆捞出，蘸调料吃，脆嫩鲜香，风味独特，营养丰富，具有健脾养胃、帮助消化功效。过去北京经营爆肚的小吃店、摊很多，最出名的有东安市场内的“爆肚王”“爆肚冯”，东四牌楼的“爆肚满”，天桥市场内的“爆肚石”和前门外门框胡同内的“爆肚杨”。西德顺爆肚店开业于清光绪二十九年（1903年），当时在东安市场内杂技场路东，1956年合并于东安市场内金生隆小吃店。1984年9月，在朝内北小街路东68号复业，因扩展马路，1994年迁入和平里中街29号。

西德顺爆肚店恢复后，爆肚与众不同。一是选料精细。必须用新鲜的羊肚，经过反复揉搓、漂洗，特别洁净。二是刀工娴熟。能根据肚仁、肚领、肚板、散丹、蘑菇尖、肚葫芦等羊肚的不同部位切出大小均匀、整齐美观的条或片。三是火候到家。即根据不同品种掌握不同火候。爆羊肚时，用小锅，每锅1500克水，旺火烧沸，爆时适当点上点凉水，保持稍开，再投料爆（每次投料不超过200克）。最关键的是控制爆的时间，如爆肚领（肚条）不能超过20秒钟，肚领发挺捞出；肚仁只能爆18秒钟，色泽雪白捞出；肚板只爆 15 秒钟，弯弓如卷捞出；散丹最薄，爆时锅内水温要保持在 95℃，只爆 12 秒钟，一见稍有发挺就要捞出。四是讲究调料。用上好的酱油、醋、麻酱、酱豆腐、蒜泥、葱末、香菜、辣椒油等，形成独特风味。

锦芳回民小吃店 位于崇文门外大街路东 34 号，红桥市场北边。原名“荣祥成”，1926 年创建。原址在崇文门外大街东花市二条口，有两间门面房，专营牛羊肉。每到秋季，店里伙计便到德胜门外马甸收购上等活牛羊，并在马甸一带饲养，随宰随卖。民国后期，牛羊肉生意不好做，店里增添烧烤牛羊肉等熟肉制品，添置了冷冻机，生产批发冰棍、汽水等。1952 年增添清真特色的北京风味小吃，有元宵、小食品等，夏季以冷饮为主，冬季以小吃为主。1958 年停止生产冰棍，专营北京风味小吃和冷、热饮，品种有牛奶、奶酪、杏仁豆腐、咖啡、糕点等。1960 年至 1963 年，专门生产高级点心。1964 年后专营小吃。1966 年初，几经变迁的荣祥成更名为“锦芳回民小吃店”。锦芳小吃做工精细，主要品种有：奶油炸糕、江米面炸糕、一品烧饼、蜜麻花、蜜三刀、艾窝窝、豆面糕、麒麟酥、南味酥、墩饽饽、芝麻烧饼、开口笑、麻团、糖火烧、糖烧饼、炸松肉等，多时高达 60 种，日投放量 30 余种。还有近十种流食，如面茶、豆面丸子汤、羊杂碎汤、炸豆腐汤、紫米粥、莲子粥、腊八粥、小米粥、煮元宵等。锦芳元宵享誉京城，其特点是好煮易熟，开锅即浮于水面，熟后涨个儿，皮松馅软，黏韧不腻；其品种有什锦元宵、滋补元宵、彩色元宵、花元宵、无糖元宵 5 类 25 种之多。自 1986 年起连续被评为“北京市优质产品”，1992年起被列为免检食品，并被中国烹饪协会认定为“中华名小吃”。锦芳月饼，特点是皮质松软，甜香醇厚，营养丰富。锦芳火锅，口味独特，其清真涮肉火锅和羊蝎子火锅，形成鲜美、麻辣、咸香、蜜汁4种独特口味，荣获北京市饮食行业协会授予的“北京名火锅”称号。

丽都餐厅 原名大通食品店，1938年创办。主要经营清真小吃、炒菜，兼营俄式西餐。1953年从前门外大街北头迁到前门外大栅栏东口路北，夏季经营冰棍、汽水等冷食，批发兼零售，冬季经营元宵、奶酪及杏仁豆腐等。1956年公私合营后，北京市政府有关部门将前门外大街的同丰酒店、颜料店和珠宝市秤杆铺撤销，并入大通食品店，面积扩大到20间房屋，增加了炸货、烙货、蒸货、黏货、流食等花样品种，以切糕、年糕、元宵、小豆粥等出名。尤其是元宵，制作精细，用上好的江米，加工细，面内无渣。元宵馅随用随做，摇元宵时尽量不使元宵碰箩边，摇出的元宵个儿大、暄腾、洁白；煮时不破；熟后馅成粥状，清香适口。每年的元宵节期间，大通元宵每天销量最高时可达50万个。1970年，该店迁到前门外打磨厂西口，改名“迎群小吃店”，面积1050平方米，以品种花样多著称。比较出名的品种：炸货有焦圈、蜜麻花、排叉、薄脆、半焦果子、馓子麻花、脆麻花、开口笑、蜜三刀、麻团等；烙货有咸酥烧饼、酥合子、马蹄酥、莲花酥、豆馅火烧、麒麟酥、油酥、火烧、墩饽饽等；黏货有元宵、切糕、年糕、盆糕、艾窝窝、豆面糕、江米炸糕、黄米炸糕、奶油炸糕等；流食有小豆粥、八宝莲子粥、奶酪、豆浆、豆腐脑等。1985年，该店重新改建装修，改名为丽都餐厅。一楼大餐厅供应京味清真小吃和快餐，二楼大、小两个餐厅供应回民炒菜，兼营俄式西餐。此俄式清真西餐在京只此一家，其技术由原东风市场和平西餐厅名师所授。代表菜有炸牛排、炸鸡排、铁扒大虾、罐焖鸡、罐焖牛肉、咖喱牛肉、奶油杂拌、番茄汤、红菜汤等。还经营北京烤鸭。20 世纪 90 年代，丽都餐厅又进行两次装修，店堂更加古朴优雅、整洁美观。

锦馨豆汁店 位于广渠门内大街 193 号，1958 年 1 月开业，营业面积约 40 平方米。清朝末年，一位姓丁的回民在北京卖豆汁，第三代经营者丁德瑞于清宣统二年（1910 年），在西花市路北火神庙门前设固定豆汁摊，每日中午开始营业。摊前摆一长条大案，案前放长凳，案上放两个大玻璃罩，内放大果盘，盘中备有辣白菜、酱黄瓜、小酱萝卜、腌苤蓝、切成小细丝的辣咸菜以及辣椒油、烧饼、焦圈等。案上摆着两个大木牌，分别写着“西域回回”和“丁记豆汁”。1958 年 1 月，饮食业摊商实行合作化，将崇文门外、西花市、蒜市口一带的回民饮食摊商合并在一起，开设了蒜市口小吃店。经营的主要品种是豆汁，其次是焦圈、薄脆、芝麻烧饼、辣咸菜等。“豆汁丁”加入此店，并负责豆汁的制售，“文化大革命”后期，蒜市口小吃店更名为锦馨豆汁店。当时，北京销售豆汁的饮食店有 28 家，一半为摊贩，一半为门店，叫豆汁店的仅此一家。改革开放后，锦馨豆汁店继承和发展“豆汁丁”传统工艺，豆汁日销量在千斤以上。1997 年，在全国首届中华名小吃认定活动中，被认定为“中华名小吃”。

护国寺小吃店 位于西城区护国寺大街93号。1956年以前，护国寺经常举行庙会，参加庙会的小吃摊有十几个，其中有名气的是茶汤英、切糕刘、扒糕年、白薯王，还有经营羊霜肠的张大户等。1956年全行业公私合营时，上述小吃摊商联合组成了护国寺小吃店。“文化大革命”期间，经营品种逐渐减少，停止小吃供应，只卖主食。1985年5月恢复风味小吃，有职工28人，日营业额约1500多元。1988年，该店建筑面积200平方米，为二层小楼，营业面积44平方米，可供30余人同时用餐，并在护国寺街西口设一商亭，供应十几个小吃品种。1995年，护国寺小吃店经营的小吃有近百个品种。经营的黏货有各种细馅元宵、枣糕、清真汤圆、艾窝窝、豆面糕（驴打滚）、芝麻年糕、果料糕、豌豆黄；炸货有炸糕、蜜麻花、麻团、开口笑、油条、油饼、薄脆、焦圈；流食有豆汁、面条、豆腐脑、小豆粥、鲜豆浆、杂碎汤、杏仁豆腐、莲子粥等。

隆福寺小吃店 位于东四隆福寺前街1号，1964年9月开业。隆福寺庙会是北京清真小吃摊最大的集中地，在众多的小吃摊群中，有著名的茶汤刘、凉粉周、面茶赵、年糕虎和年糕王等，也有经营羊肉饼、羊杂面、绿豆面炸丸子等的吃食摊。1956年全行业公私合营，在改造后的隆福寺商场中，开设了隆福寺清真小吃店。20世纪90年代，经常供应的有枣年糕、黏豆包、豆面糕、豌豆黄、艾窝窝、果料糕、炸回头、蜜三刀、烫面炸糕、蜜麻花、焦圈、糖饼、糖包、面茶、果料粥、麻花、炸糕、糖酥烧饼、螺丝转、豆腐脑、豆浆、马拉糕、果料包、开口笑、鸳鸯酥、绿豆面丸子汤、夹肉烧饼和熟肉食品等 50 多种，加上时令品种，共有 170 多种小吃。在店外西边还设有一个专营豆汁、焦圈、薄脆、糖饼的门市部。1995 年，隆福寺小吃店是北京市最大的清真专营小吃店，营业面积 400 多平方米，可同时供 300 多人进餐，有职工 106 人。

汉民小吃及名店

北京的汉民小吃，历史悠久，品类繁多，制作精细，形美味佳，制法、品种、口味都形成了京味特色和风格。民间小吃中，富有“土色土香”的代表品种有:焦圈、灌肠、艾窝窝、驴打滚（豆面糕）、蜜麻花、奶油炸糕、萝卜丝饼、“一窝丝”清油饼、烧卖、褡裢火烧、炒肝、豆汁（正式名称应为发酵绿豆浆）、卤煮小肠、爆肚、豆腐脑、杏仁豆腐、油茶、茶汤等数十种。

都一处烧卖馆 位于前门外大街路东 36 号，是中华老字号。清乾隆三年（1738 年）开业，前身是“王记酒铺”。清乾隆十七年（1752 年）除夕，乾隆皇帝由通州微服私访回京途经前门大街，各商铺已经过年歇业，唯有王记酒铺仍掌灯营业。乾隆与随从进店用餐后，感觉酒醇菜香，问店主酒店叫什么名字？回答小店没有名字。乾隆说这个时候还开门营业，京都只有你们这一处了，就叫“都一处”吧！乾隆回宫后，题写了“都一处”店名，将其

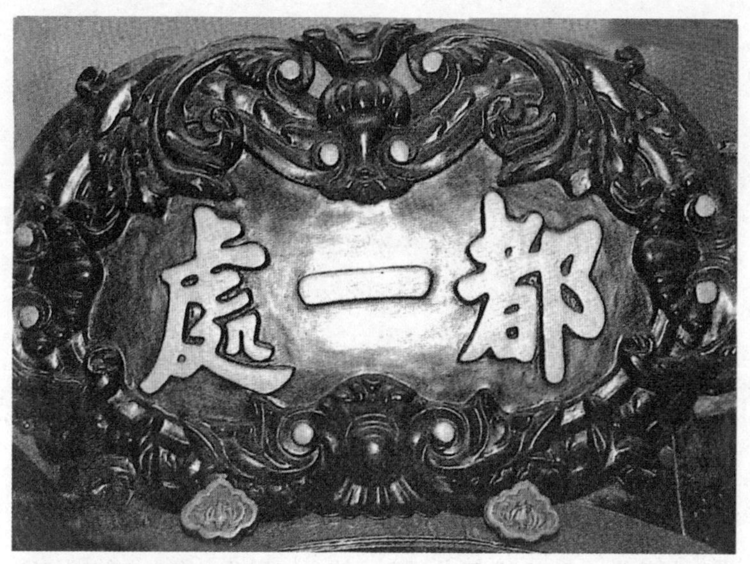

1752年清乾隆御赐的“都一处”匾

刻在匾上。几天后，几个太监送来一块“都一处”的蝠头匾，从此“都一处”代替了“王记酒铺”，名声大振。在数百年的传承和创新中，都一处形成了以烧卖为龙头，以鲁味、京味菜肴为基础的经营特色。其经营的“烧卖”，观之顶部麦穗含食，细腰叠裙，青白透明，亭亭玉立；食之香而不腻，回味无穷。都一处烧卖馆的烧卖，在制皮、做馅和蒸制方面都有特色。烧卖的皮，用的是上等精粉，加热水烫后，反复揉搓，直至不夹硬粒、滋润为止，再用叫“手捶”的特制擀面杖，擀出又薄又匀的荷叶花边褶形的皮，直径 10 厘米左右，有 24 个花褶，用这样的皮包的烧卖形态美观，蒸熟后柔软可口。烧卖的馅心（代表烧卖的风味特色）极为讲究：一是随季节变化变换馅心，有葱花肉馅、韭菜肉馅、西葫芦肉馅、蟹肉馅、三鲜馅等。二是精心调制，以三鲜馅为例，选用海参、虾仁、猪肉（肥瘦比例适当）三种原料，粗切细剁，加多种调料，再加适量水分，用力搅拌，成为透亮黏状，汁多滋润，滋味鲜美。三是包馅分量足，皮薄馅大。蒸制烧卖，极重视火候，蒸出的烧卖外形不变，松软适口，馅心鲜明，内外熟透。“都一处”的烧卖有十几个系列 30 多个品种。“都一处”传统的马莲肉、晾肉等酒菜和炸三角等小吃，也很有京味特色。中华人民共和国成立后，“都一处”多次修建，增添了北京风味炒菜，开辟了外宾餐厅，成为一家风味饭庄，每天可接待两三千人（次）就餐。该店的面点师宣和平曾数次去日本表演传技，并获得“烧卖大师”美誉；在 1990 年上海举行的全国烹饪大赛上，他制作的烧卖获得第一名。都一处系列烧卖获国家商业部颁发的餐饮最高奖项“金鼎”奖；1992 年，都一处烧卖和马莲肉、炸三角一起获北京市百家餐馆、千种风味小吃大联展最佳品种奖；2000 年，都一处烧卖和炸三角获“中华名小吃”称号。2001 年 10 月，在丰台区方庄美食一条街上开办了“都一处方庄店”，扩建装修后，营业面积达 1500 平方米，一层为散座大厅，可同时容纳 100 人就餐，经营烧卖和快餐，二层有 11 个环境典雅的包间，可承办婚宴、家宴、朋友聚餐和商务宴请。

会仙居　位于前门外鲜鱼口中间路南，有个两层楼房的小饭馆，是北京著名小吃“炒肝”的首创饭馆。清同治元年（1862 年）开业，原是小酒馆，只有一间门脸，经营黄酒、白酒和五香花生米、松花蛋、咸鸭蛋、炸花生仁、玫瑰枣、辣白菜、炸排叉、老腌鸡蛋、豆腐干等下酒菜。清光绪二十年（1894 年）后，会仙居经营品种增添了酱肉、白水杂碎、烧饼、火烧等。清光绪二十六年（1900 年）后将白水杂碎中的心、肺去掉，加上酱色，再一勾芡，起名叫“炒肝”，发展成为北京有名的风味小吃。商界看到会仙居的炒肝火爆，纷纷仿效，街头巷尾陆续出现了许多卖炒肝的店铺、摊贩。其中比较出名的是天兴居，成立于 20 世纪 30 年代初，位于会仙居的斜对面，成为会仙居强劲的竞争对手。1956 年公私合营时，会仙居、天兴居两家合并，用两家的字号，竖排“公私合营会仙居天兴居饭馆”。1958 年，企业房屋重新装修后，改为横匾，只用天兴居字号，会仙居字号就此消失。

天兴居炒肝店 位于前门外鲜鱼口内路北 95 号，1933 年开业，两层楼房，营业面积 50 多平方米，主要经营炒肝和与炒肝配套的包子、烧饼等品种。天兴居开业之前，鲜鱼口胡同已有炒肝的创制者会仙居。天兴居的掌柜是内行，制作精细，经营有方。为提高炒肝质量，设置专人洗猪肠子，在洗之前，先剪掉肠头、肠尾，以保证猪肠的肥美，下脚料烹制各种菜肴廉价出售；猪肝选用肝尖部位；更新作料，用上等好酱油代替酱色，用味精代替口蘑汤；使用最好的淀粉；选用技术最好的师傅掌灶；设置雅座，雇用女服务员，安装电话。天兴居炒肝的质量和销售量很快超过会仙居。1956 年公私合营，会仙居、天兴居两家合并，选用天兴居为店址，开始时用两家的字号竖排公私合营会仙居天兴居饭馆。1958 年重新装修后，改用横匾，去掉会仙居，只用天兴居。1992 年，天兴居的“北京炒肝”，在北京市被评为“北京十大名小吃”之一。同年，在京城百家店、千种风味小吃大联展活动中，天兴居的炒肝荣获京城小吃“最佳品种”称号。1993年，首届北京古都文物博览会活动中，由北京市商业委员会及北京市文物事业管理局确认并颁发由名人篆刻的“北京老字号天兴居”牌匾及荣誉证书。1997年，首届北京名菜名点鉴定展示会上，天兴居的炒肝又一次被评为“北京名小吃”称号。同年，在首届全国中华名小吃认定活动中再次被认定为“中华名小吃”。

馄饨侯饭馆 位于东城区东安门大街东头路北11号，是二层楼房建筑，1956年成立。馄饨侯饭馆是由馄饨摊发展起来的。1956年公私合营时，东华门的3个馄饨摊与菜场、梯子、大纱帽、柏树胡同的7个馄饨摊联合成立合作组，组长叫侯庭杰。1957年，合作组由分散经营改为集中经营，以东安门路北原德胜祥烧饼铺为铺面房，开卖馄饨的饭馆，称“北京风味馄饨侯”，字号中用了组长侯庭杰的姓。“文化大革命”时，造反派把馄饨侯改为“四新饭馆”，后来停业。1980年9月20日，恢复“馄饨侯”字号。馄饨侯经营的主要品种是馄饨和配套的芝麻烧饼。馄饨侯的馄饨皮薄、馅细、汤鲜、作料全。馄饨皮薄透纸，把馄饨皮放在纸上，能看到纸上的字。馅细，馅用的肉与菜有一定比例，用的肉是猪的前臀尖，七分瘦三分肥，打出的馅非常均匀。每碗馄饨10个，每10个馄饨用皮一两，用肉一两。馄饨为手工制作，现制现卖。做馄饨的方法是用筷子将肉馅抹在皮上，用手一推就成一个，动作非常快，人称手推馄饨，大体上一分钟能制作100多个。每班两个师傅制作，能供应3000人吃。煮馄饨的汤用猪的大棒骨熬成，需熬6个小时，味浓而不油腻，含有丰富的钙质，对老年人补钙有益，许多老年人吃馄饨是冲着汤来的。馄饨的作料有紫菜、香菜、冬菜、虾皮、蛋皮等，调料有酱油、醋、胡椒粉等。20世纪50年代至60年代，周恩来总理曾数次让馄饨侯的师傅们到人民大会堂等地去包馄饨，招待外宾。在1960年秋季举行的“全国财贸系统技术革命、技术表演大会”上，馄饨侯获得金奖。1982年，馄饨侯获北京市饮食业“质量标兵”奖。20世纪80年代，馄饨侯经营品种有28个。其中，馄饨有5种：鲜肉馄饨、酸汤馄饨、红油馄饨、虾肉馄饨、菜肉馄饨。烧饼有4种：麻酱烧饼、牛肉馅烧饼、黑芝麻咸酥饼、玫瑰酥饼。还有蟹肉烧卖、香蘑菜包、南翔小笼包、蟹壳黄烧饼、黄桥烧饼、萝卜丝酥饼、三丝春卷等。1991年改建后，营业面积480多平方米，可同时接待200人就餐，是北京规模最大的一家馄饨馆，平均日营业额在2万元以上。1994年5月，馄饨侯挂上贸易部颁发的“中华老字号”铜匾。

西四小吃店　位于西四南大街路西17号，1956年开业，原名为天聚饭馆。1956年全行业公私合营，将西四牌楼具有风味特色的小吃摊贩组织起来，并入天聚饭馆，扩建了营业店堂，正式改为综合性的汉民西四小吃店（也兼营清真小吃）。“文化大革命”期间，品种减少，特色消失，一度改为炒菜馆，停止小吃供应。改革开放后，西四小吃店逐渐恢复和增加品种，经常轮换供应的品种60 ~ 70种。风味小吃腰子饼、桂花烧饼、马蹄烧饼、咸酥火烧、五指酥、焦圈、螺丝转、小笼蒸包、艾窝窝、豌豆黄、花糕、碗糕、果料年糕、枣年糕都陆续与顾客见面。还有莲子粥、小豆粥、豆腐脑、馄饨等流食品及主副合一的卤煮火烧等。1995 年时，该店是北京市规模最大、品种最全的专营小吃店。

美味斋餐厅小吃部　位于西便门外大街，是美味斋饭庄的组成部分，1956 年从上海迁至北京，以经营上海、苏州、无锡等南方风味美点小吃而闻名。南味美点，分为面点和粉点（用米粉制作的点心）两大类，各有风味特色。美味斋餐厅小吃部以经营面点为主，尤其擅长各式咸甜包子，其代表性品种有鲜咸味的原屉小笼包、鲜肉大包， 香甜味的一品水晶包、菊花百果包、荷花猪油夹沙包和秋叶豆沙包等。其中，原屉小笼包，是用半发酵面和鲜肉蓉冻馅制成，每屉 12 个，皮薄柔韧，馅大汁多，鲜润味美，食时佐以姜丝、米醋，别有风味。即使大众化的鲜肉大包，也是洁白光亮，暄腾松软，馅心鲜香，肥润不腻，与众不同。

豫园春小吃店　位于崇文门外十字路口东南角，1983 年开业，是一家专营上海“老城隍庙”风味点心的小吃店。豫园春小吃店开业前，派了 13 名职工去上海，专门学习粉点糕团制作技术，小吃店开业时，又得到上海市有关部门支持，派“老城隍庙”著名技师来店献技传艺。豫园春制作的南味各式点心小吃，尤其是粉点糕团，受到广大顾客特别是南方人士的欢迎。南味粉点糕团，是用糯米、糯米粉或糯米粉与粳米粉混合作为坯料包以各种风味馅心制成，品种繁多，风味迥异，最有特色的是双酿团、双色糕、金糕、豆沙果脯方糕、黑芝麻白糖麻云糕、百果油包、夹沙包、八宝莲子饭等 20 多种。还供应排骨面、鳝鱼面、三鲜面、大肉面、鲜肉虾仁小笼包等十多种面点。

1995 年北京市较有名气的汉民小吃店还有二友居包子铺，在西四南大街路西 1 号；曙光小吃店，在西四南；庆丰包子铺，在西长安街路南；津风包子铺，在前门大街 157 号；崇文门小吃店，在崇文门外大街；迎群小吃店，在前门；庆丰小吃店，在天桥；东兴小吃店，在大栅栏；虎坊路小吃店，在虎坊路；白广路小吃店，在白广路。

宫廷小吃及名店

宫廷小吃是宫廷御膳的一部分，是经过历代御厨不断探索、改进发展而成。宫廷小吃用料考究，做工精细，形状典雅，小巧玲珑，香甜酥软，适时当令。代表品种有奶油炸糕、炸三角、荷花酥、一品烧饼、萨其马、姜丝排叉、萝卜丝饼、金丝卷、银丝卷、冰糖莲子、藕丝羹、核桃酪、小笼包子、烫面饼、翡翠烧卖、荷叶卷、杏仁茶、杏仁豆腐、八宝粥、八宝饭等 80 多种。

北京经营清宫御膳风味小吃的主要是北海公园内的仿膳饭庄和颐和园公园内的听鹂馆饭庄两家。

仿膳饭庄，1986 年后在北京有东单贡院、天安门东侧、御膳饭店（天坛北门）3 个分店。仿膳饭庄本店门口有小吃专卖部。代表面点（小吃）有豌豆黄、芸豆卷、芸豆糕、佛手卷、千层糕、小窝窝头、肉末烧饼、和平糕、苹果酥、枣花酥、麻仁酥、巧果、木樨糕、金丝卷、小包酥盒等十几种。

听鹂馆饭庄，擅长制作宫廷面点，尤以制作面塑闻名。1988年，名厨赵德民参加北京市“京龙杯”烹饪面点大赛，获“京龙杯”奖。同年，参加全国第二届烹饪技术大赛，获金、银、铜3块奖牌。1992年，参加上海“国际中国烹饪”大赛，获展台金牌奖。制作的代表小吃品种有宫廷面点豌豆黄、芸豆卷、金鱼戏莲、嫦娥奔月、肉末烧饼、枣泥酥盒、石榴酥、萨其马、面塑等。

风味小吃选介

北京小吃品种较多，既有焦圈、豌豆黄、萨其马等宫廷食品，又有豆汁、面茶等民间食品，共有300多种，现选择其中几个有代表性的品种略作介绍。

焦圈 相传为清朝宫廷食品，后传入民间。用面、油、矾、碱、盐等原材料调配油炸而成，每斤面约做60个，成品形如手镯，色泽金黄，落地即碎，味香脆。北京人常用烧饼夹之配豆汁、豆腐脑等流食吃。北京经营此种小吃的店铺不多，以王府井回民饭馆的老师傅“焦圈王”制作的最佳。与焦圈性质、风味相近的还有薄脆、排叉等，都讲究酥脆油香。

豆汁 为北京地区民间经营的流食。最初豆汁是用做粉丝的绿豆渣水发酵而成。中华人民共和国成立后，为改善豆汁的卫生状况，国家调拨绿豆作专项生产。豆汁味微酸微甜，初喝的人往往不习惯，常喝的人却会觉得别有风味。老北京群众爱喝滚烫豆汁，配吃咸菜和焦圈等炸食。现在北京各城区有少量专业点供应。

豌豆黄　原为明清宫廷春季应时食品，后传入民间。它用豌豆、白糖、金糕、石膏等原料制成。成品如豆腐状，切成菱形块，色泽嫩黄，味清香甜爽。每到春季，北京一些大中型小吃店竞相制作出售，为京内外顾客所欢迎。

面茶　为北京民间传统流食之一，清乾隆年间的《都门竹枝词》一书中就有“清晨一碗甜浆粥，才吃茶汤又面茶”的诗句。面茶用小米面加姜粉熬成稀糊，再加上麻酱和熟芝麻盐调制而成，味醇香。现在北京一些大中型小吃店常有供应。

蜜麻花　用面、饴糖、油、碱等原料制作。面和好制作成形，经油炸后入饴糖锅浸制而成。每两面炸 2 个，成品呈人耳朵形，蜜透、光亮、金黄色、味甜如蜜、质地松软。北京小吃店供应蜜麻花的比较普遍。

艾窝窝　明成祖迁都北京后，南方来的士兵、农民开始在京郊种植水稻，北京江米点心随之兴起。艾窝窝用熟江米饭团包白糖、麻仁、果料配制的馅再蘸熟大米面而成。成品为圆形，味香甜松软。北京小吃行业习惯在春节前后和节日经营。艾窝窝又称“爱窝窝”。清人李光庭《乡彦解颐》中说，有一位皇帝爱吃这种窝窝，想吃时就吩咐说“御爱窝窝”。在民间，省了“御”字而称“爱窝窝”。

馓子麻花　是用面、芝麻仁、红糖、矾、碱、油等调制油炸而成，一般每两面做一个，成品为枣核形或扇形，中间条散开似栅栏，蘸有麻仁，色泽焦黄，味香甜，焦脆。北京麻花一类的小吃还有芝麻麻花、脆麻花等，味相近。

豆馅切糕　北京小吃中江米糕一类的小吃较多，如盆糕、枣糕、白糕、凉糕、芝麻凉糕等，风味大致相同。豆馅切糕是其中之一，用四层熟江米面夹三层豆馅码成，上面用枣点缀，现切现卖，卖时在糕上撒白糖，味甜而黏。

豆腐脑　是用卤水点黄豆浆结成的。北京豆腐脑类的小吃有豆腐脑、甜豆腐脑和老豆腐三种。豆腐脑用羊肉片、蘑菇丁、酱油勾芡做浇汁，讲究味鲜美；甜豆腐脑，以白糖勾芡做浇汁，再撒果料，讲究味甜香;老豆腐较豆腐脑稠，用酱油、麻酱、韭菜花、蒜泥等做浇汁，讲究味香辣。

奶油炸糕　奶油炸糕用富强粉烫面，分次兑入奶油、香草粉和鸡蛋，搅拌均匀，分份揉成扁圆形，再用温油炸熟，然后撒白糖。成品呈蘑菇形，色泽浅黄，外焦里嫩，食之有蛋奶香味。

炒肝　是一种流质小吃，以猪肠作为主料烩制而成，由于炒肝名称由来已久，人们仍然称它为炒肝。炒肝的制法是：选用猪肥肠，洗净去腥，下入锅内，再加少量猪肝作配料和生熟大蒜、黄酱（或好酱油）、大料、高汤等调料，进行长时间的熬煮，猪肠软烂时，再放入味精和水淀粉勾芡，成为浓稠状。

银丝卷　须经和面、发酵、揉面、溜条、抻丝、包卷、蒸熟7道工序，其中技术性最强的要数溜条抻丝。一块3斤左右重的面团，在抻、拉、摔、抖中变为绳索般的丝条，在胸前上下翻腾，左旋右转，恰如蟒蛇相搏、蛟龙戏水。如此溜好之后，搭扣抻条，经连续9次反复抻扣,可得512根2米多长的丝细面,且不断不乱，互不粘连,行话谓之“一窝丝”。抻好的面丝顺放桌上,切成小段，再用面皮包卷蒸熟，即得银白暄软的银丝卷。若在512根的基础上再接连抻扣两次，面丝则变成2048根，这就是被世人叹为观止的“龙须面”。

炸三角 都一处的做法是，把猪肉肥瘦切丁，先把肥肉加黄酱炒成肉酱，再与瘦肉丁、碎肉皮放入煮肉的汤中一起煮熟，晾凉成冻,然后拌上韭菜,用烫面擀成半圆形的面皮,包成三角形状，入油锅炸熟，馅成稀糊状，味道鲜美。

烧卖 是一种带馅的面食小吃，其做法是用薄薄的花边烫面皮，包入精致的馅心，包好后从中间腰部拢起，稍稍捏紧，上不封口，呈现下端圆鼓丰满，上端花边簇拥，状似梅花和石榴形，造型颇美，然后上屉蒸熟食用。烧卖分南北两种风味。南方的烧卖多用江米肉末做馅心，北方的烧卖只用纯肉馅和三鲜馅。

烧饼、火烧 据史书考证，烧饼是汉代班超通西域时传来的。烧饼一直得到京城百姓的喜爱。烙制烧饼要用标准粉制作，原料有油、花椒、小茴香、麻酱、碱面、糖色和芝麻去皮后没有杂质的麻仁。一般1斤面用7钱麻酱、7钱麻仁、花椒、茴香，炒后研成细粉面。烙制时和面要加一成发面团与九成现和的面，揉透后盖上湿布醒一会儿，然后按做10个烧饼的量揉成长形擀开，一手拿着面的一头,甩成长片,抹上一层麻酱,随卷随抻,这叫“打小棚子”。和好面揪成小剂子后，用手压成扁形，抹上糖色，蘸上麻仁，先放在饼铛上，烙八成熟，再放入带马道的煤火炉的马道内烘烤而成。这样烙制的烧饼层次分明，香酥可口，味道特好。除芝麻烧饼外，还因馅料和做法不同有肉末烧饼，咸（或甜）酥烧饼、豆馅烧饼、五连烧饼、油酥芝麻烧饼、缸炉烧饼、马蹄烧饼等。火烧与烧饼的区别，原以饼面上是否有芝麻为标准。

火烧是不蘸芝麻仁的饼，品种很多，有马蹄火烧、叉子火烧、褡裢火烧、片丝火烧、糖火烧、肉火烧等。北京的糖火烧以大顺斋最出名。糖火烧的制作，要先将红糖加面粉搓散烧熟，加入麻酱、油和红糖，和成糖酱；再用干面粉加发面，发酵后对碱。醒面后，将面按 500 克一块搓成长条，擀开甩成栅子，抹上糖酱，随抻随卷成筒形，揪成 50 克小剂子，揉成圆形小桃，摁扁码入烧盘，放入烤炉烤熟，熟后晾凉，放入木箱中闷透闷软。糖火烧香甜味厚，绵软不黏，适合老年人食用。

春饼、春卷　春饼是用面烙成的薄饼，包火腿肉、鸡肉等物，或四季时蔬菜心，油炸供客，是咸食。又加咸肉、蒜花、黑枣、胡桃仁碾碎，加白糖为馅，卷起来吃，甜咸兼有。立春季节，农民栽的葱已出嫩芽称羊角葱，鲜嫩香浓，吃春饼抹甜面酱，卷羊角葱，也有“咬春”的含义。北京人吃春饼更讲究炒菜，将韭黄、粉丝、菠菜切丝等炒一下，拌和在一起，称为合菜，卷春饼吃。此外，尚兴春饼夹酱肘丝、鸡丝、肚丝等熟肉的吃法。

春卷要用面加适量的水和盐拌匀，揉按成很软的面团，在烧热的平锅上旋转烙成薄面皮，包上馅儿，用油炸呈金黄色。春卷的馅讲究用嫩荠菜剁碎，是一种名食。

春饼、春卷是历史悠久的小吃品种，立春吃春饼和春卷，是人们对一年之计在于春的美好祝愿。

元宵 北京很早就有正月十五吃元宵的习俗。元宵的制法是用糯米细粉，内用核桃仁、白糖玫瑰为馅，洒水滚成，如核桃大。吃元宵取月圆人团圆的吉兆之意，表示团圆、吉利、美满。现在的元宵仍以糯米和各种果仁为主要原料，但增添了用黑米、黄黏米为粉剂。馅心也有很多新的变化，如用水果、蔬菜、肉料为馅的新品种，使元宵更显得五彩缤纷。元宵一般都采用煮熟的方法，也有用油炸的炸元宵。

粽子 端午节包粽子是北京的习俗。传统的北京粽子一律是江米小枣，用苇叶包、马蔺草捆扎。随着时代的发展和进步，粽子的品种越来越多。在口味上不仅有甜粽子，而且有了咸味的品种。如豆沙、猪肉、松仁、胡桃、火腿等馅料，品种丰富。粽子不仅是端午节食品，平日也食用。

薄脆 是北京小吃中常见的普通品种。它用白面加白矾、碱、盐调和加水和面，揉搓均匀后，醒一会儿，叠起来放在案板上。制作时，用刀切一小条，摁成片后，再切一小块，擀薄抻开，厚薄要均匀，然后，两只手拿着放入七成热的油锅炸制。薄脆也是清宫中的御膳食品。据《北京琐闻录》记载，清康熙十二年（1673年），康熙微服游圆明园，路过西直门广通寺，有一家忆禄居，专门用香油炸制大薄脆出售。康熙皇帝在忆禄居吃了大薄脆，大为赞赏，后传旨按期进奉。从此，大薄脆闻名遐迩。薄脆在北京已流传了300多年。薄脆酥脆焦香，可以现制现吃，也可以捏碎与菜馅拌和当素馅的原料，是人们非常喜爱的小吃。

油条、油饼 油条是北京常见小吃品种，一般在早晨供应。它是用面粉加小苏打或碱面、矾、盐加水，和成软面团，反复揉搓均匀，要醒2小时，擀成片，切长条，取两条，拧在一起下油锅。炸时，要用长筷子不断翻转油条，待色泽金黄时捞出，外脆里软，咸香可口。

与油条相似的品种就是油饼。其制法与口味皆与油条相似，唯外形擀成饼状。油饼、油条、豆浆、烧饼是北京早点的传统小吃品种。

卤煮小肠 是北京风味小吃，过去北京到处都有店家或沿街摊贩出售，但最有名的是南横街内的燕新饭馆。卤煮小肠的主料有猪小肠和心、肝、肺、肚等，此外还有猪五花肉、油豆腐和火烧。猪小肠要用盐、碱洗净去异味，切成3.3厘米长的肠条，五花肉切成不规则的大小肉块，炸豆腐切方块或菱形块备用。先把猪小肠及内脏、五花肉放入锅中，用武火煮，随煮随用勺撇去浮沫，然后把油豆腐、绍酒、花椒、豆豉、大料、小茴香、葱、姜、醋、蒜、豆腐乳卤等辅料入锅同煮。卤煮小肠的卤要放入肉料。用肉料制出的老汤称卤，用这种卤汁煮的就是卤煮。待肠、内脏、肉已烂，放适量的盐，锅内四周放些火烧一齐煮，因此又叫卤煮火烧。

门钉肉饼 选择牛肉的上脑和鲜嫩肥瘦相间的部位剁成馅，调以香油、洋葱、鲜姜、花椒等辅料拌制，用精白面粉和成松软面皮，包成像宫廷红门上的门钉形状，直径4厘米，厚2厘米，放在铛中煎烙成熟。外焦里嫩，皮薄馅大，清香润口，咬一口鲜汤四溢，风味独到。

爆肚　是北京风味小吃中的名吃，多为回族同胞经营。爆肚是把鲜牛肚（指牛百叶和肚领）或鲜羊肚洗净整理后，切成条块状，用沸水爆熟，蘸油、芝麻酱、醋、辣椒油、酱豆腐汤、香菜末、葱花等拌制的调料吃，质地鲜嫩，口味香脆。羊爆肚的吃法很讲究，要按羊肚部位选料加工成肚板、肚葫芦、肚散丹、肚蘑菇、肚仁等，顾客愿吃哪个部位，随便选择。爆熟的时间因部位的老嫩程度不同而有差异，最鲜嫩的部位几秒钟即熟。爆肚除肚子要新鲜外，功夫全在“爆”。爆的时间要恰到好处，欠火候或过火候，会出现过生或过熟而不脆，甚至咬不烂。

西餐与名店

中国人称英、美、法、德、意、俄等西方国家的菜点为西餐。经营西餐的饭馆称为西餐馆，早期称为番菜馆。西餐菜点称为大餐、大菜、西点，宴会上用的菜点又称为公司菜。公司菜“则馆中预定，客不能任意更易”。

明天启二年（1622 年），来华的德国传教士汤若望在北京居住期间，曾用蜜面和以鸡蛋，做成西洋饼款待中国同事，食者皆“诧为殊味”。公元 17 世纪以来，西方饮食及烹调技术不断传入中国，其中以西方传教士传入的最多，西洋饼、西洋蛋卷、西洋蛋糕、洋炉鹅等，逐步成为上流社会的时髦饮食。清代后期，开展洋务运动，西方的饮食烹调技术在中国迅速发展。清末，西式菜点多在外国饭店、公使（领事）馆、教堂等地方制作，或自食，或款客，或出售；宫廷、王府或设有番菜房，或聘有番菜厨师。溥仪未出宫时，御膳房设有“番菜房”，招进四位西餐厨师，专做面包、奶油、冰激凌等，溥仪每日早晚均食番菜。这时的西式菜点只限于外国人和清朝权贵食用。民国初年，袁世凯住在中南海，聘有西餐厨师。段祺瑞的公馆也聘有西餐厨师。

中华人民共和国成立后，北京市经营英法式大菜的有北京饭店西餐厅、东安市场的吉士林西餐咖啡馆、和平餐厅等。经营俄式大菜的有北京展览馆餐厅（原名莫斯科餐厅）、新侨饭店对外餐厅、西长安街的大地餐厅、东安门大街的华宫西餐馆等。此外，还有经营日本风味菜肴的和风餐厅。“文化大革命”时期，除饭店系统内部西餐厅和 2 家对外餐厅（北京展览馆餐厅和新侨饭店对外餐厅）外，其他西餐馆均停业，专业西点店也全部停业。改革开放后的 20 世纪 80 年代，西餐馆逐步增多。1995 年，经营西餐、西点的店铺有 30 多家，加上连锁店有数百家。著名的有友谊宾馆对外餐厅、义利快餐厅、马克西姆餐厅、美尼姆斯餐厅、肯德基、麦当劳、加州牛肉面、比萨、邦尼炸鸡、山姆大叔等。

马克西姆餐厅、肯德基、麦当劳都是世界名店，特别是肯德基、麦当劳，以连锁店的形式在北京发展，成为北京饮食市场上亮丽的风景。2010 年，北京市商务局公示有 40 家外国风味餐厅获得星级标牌，涵盖 13 个国家的美食风味。

北京的西餐

清光绪二十六年（1900 年），八国联军侵占北京，侵华联军驻扎在东单公园内外。供外国侵略军吃喝的西餐馆开设在东单、王府井、崇内大街、东交民巷。北京第一个西餐店是北京饭店。

清光绪二十六年（1900 年）冬天，两个法国人在崇文门内苏州胡同南边路东开了一个小酒馆，卖一二角钱一杯的红、白葡萄酒及煎猪排、煎鸡蛋之类的酒菜。光绪二十七年（1901 年），小酒馆迁至东单菜市场西边，由意大利人购买，正式挂起“北京饭店”招牌。北京饭店西边是西班牙人开的三星饭店，东边是德国人开的宝珠饭店。光绪二十九年（1903 年），北京饭店迁到王府井大街南口，直到今日。

光绪、宣统年间，在北京开业的西餐馆还有醉琼林、裕珍阁等 30 余家。醉琼林在前门外陕西巷。裕珍阁在北京劝业场三楼。得利面包房，专制英俄美法式面包、糖甜小面包。还有六国饭店（东交民巷）、韩记饭店（崇文门内）等。西餐馆制售的都是西洋菜点，如炸猪排，是将精肉切成块，外用面包粉蘸满，入大油锅炸之。食时自取刀叉切成小块，蘸胡椒酱油，各取适口。“布丁”，“为欧美人食品，以面粉和百果、鸡蛋、油、糖蒸而食之，略如吾国之糕。近颇有以为点心者”。“面包”，“为欧美人普通之食品也，有白、黑二种，易于消化，国人亦能自制，且有终年餐之而不断食者”。西餐馆除应门市外,还承包团体聚餐所需的西式套菜，时称“公司菜”。由中国人最早开设的西餐馆是光绪末年在万牲园（即西直门外动物园）畅观楼内的西餐厅，经理是中国人，聘用的厨师是外国人，制作的西菜原汁原味。

1914 年,《新北京指南》登载著名西餐店有 4 个，即迎春豫（东安市场）、体育（韩家潭）、燕春园（石头胡同）、宴宾（大栅栏大观楼内）；咖啡店 1 个，即美益咖啡店；西洋糕点房 3 个，即西美居（棋盘街）、法国面包房（崇文门内大街）、正昌面包房（崇内孝顺胡同）。1923 年《北京便览・饮食类》载西餐名店 34 个，内有 3 个日本馆。其中，撷英番菜馆在前门一带最著名，设在廊房头条西口路南，是一位德国老太太经营，专做英美大菜，座位舒适，菜品丰富，小吃一类近 30 种。益昌番菜馆在宣内大街，有两间门面，因离当年的教育部较近，鲁迅常去用餐，并在益昌包饭，他在 1914 年 3 月 26 日写道：“又约定自下星期起每日往午食，每六日银一元五角。”1936 年出版的《最新北平指南》载道：“物质文明之今日，凡近洋化之营业，无不蒸蒸日上。平市范围较大之番菜馆如撷英、森隆等均备有小吃。小吃每份六角，计有二菜一汤、点心、水果等。咖啡馆较大者，如福生食堂、来今雨轩等数家，亦备有大菜。大菜每份则分八角、一元、一元二角、一元五角不等。一元二角为五菜一汤，并备有冰激凌、柠檬水、沙氏水、苏打水、牛乳、牛酪、咖啡茶等。”福生食堂是清真馆，在东单路北，所制作的“菜汤均简洁，颇合卫生要求”。1938 年开业的吉士林餐馆，在东安市场东庆楼的二、三层，有中西菜结合的特色，名菜有铁扒杂拌、清酥鸡面盒、三鲜烤通心粉等 50 多种，糕点有糖花篮、奶油糖果、奶油花蛋糕、咖喱饺、火腿卷等七八十种。1948 年吉士林歇业，1949 年后恢复营业，1968 年合并于东安市场内的和平餐厅，组成了综合西餐部。据 1948 年旧北平同业工会统计，当时西餐业有会员 46 家，从业人员 906 人；西点业有会员 48 家，从业人员 367 人。（《北京经济史资料》471 页）当时通用的西餐菜主要有烤白鸭、烤野鸭、烤对虾、烤牛肉、烧山鸡、烧竹鸡、烧鹌鹑、炸猪排、炸羊排、炸牛排、火腿蛋、童子鸡、烩白鸽、烩鱼、炸鱼、烧鱼、焗鱼、咖喱鸡、番茄烩鸡、红白烩鸡、面条鳜鱼、牛奶布丁、菠萝布丁、提子布丁、蛋糕布丁、猪肉布丁、香蕉布丁、西米布丁、虾仁汤、葱头蘑菇汤、青豆蘑菇汤、鲍鱼汤、鸡丝汤、牛尾汤、番茄汤、细米汤、玫瑰冻、车厘冻、牛奶冻、咖啡多士茶、牛奶多士茶等。

西餐菜系流派较多，以国家为范围划分，主要有法国和俄国两大菜系。西餐菜的主要特点是主料突出，形色美观，口味鲜香，营养丰富，供应方便。法国菜做法精细，选料严格；意大利菜以汤著名，善做面食；俄国菜重奶重酸，调味浓厚；英美菜调料多样，以鲜香见长。共同的烹调技法是以煎、炸、烩、焖、烙、烤为主。

法国菜及名店

法国菜在世界烹坛上占有突出的地位，是欧美菜点的公认代表。欧、美和非洲大城市的餐馆，常冠以“法国餐馆”以招徕顾客，菜单写法也沿用法国方式。法国菜的特点是选料广泛，用料新鲜，讲究烹调，名菜众多。在选料和用料上，除用本国原料（牛、羊、鱼等）外，也用别国原料（蜗牛、洋百合等）。由于法国菜讲究生吃，所以用料必须鲜活，陈料不能用。要掌握火候，如烧牛肉、烧羊肽（羊腿）等，只烧到七八成熟，烧野鸭和橘子肉，只烧到三四成熟，食时才鲜嫩可口、原汁原味。法国菜讲究运用调料，可分为两大类：一是香料（包括香草），常用的有百里香、迷迭香、月桂、欧芹、龙蒿、肉豆蔻、藏红花丁、香花蕾等十几种。在制作时，即使普通的肉类菜也要使用一张月桂叶和欧芹、百里香各一枝扎成的一束“组合香草”。法国菜中常用胡椒粉（几乎每个菜都用）但不用味精，极少用芫荽（香菜）。二是调味汁，在百种以上。许多调味汁是厨师临时调配的。在使用调味汁时，既要注意到每个菜的细微差别，又要兼顾每个菜的不同色泽，使调味汁的作用得到充分发挥，以达到每个菜风味纯正、特色突出的目的。法国菜还讲究用酒，如制作清汤时，用葡萄酒；制作海味菜时，用白兰地、白酒；制作肉类菜和家禽类菜时，用哈利酒、麦台酒；

制作野味菜时，用红酒；制作各种点心和水果菜时，用甜酒。法国菜在制作土豆菜、米饭、面食时，都要配上两三样蔬菜，量很小，只起搭配作用。法国名菜大多以地名、人名、物名命名，如土豆巴黎圣、沙尔玛生菜、焖鹌鹑瓦伦西安等。法国菜中的名菜众多，据粗略统计有 219 种，其中家禽类 18 种，牛肉类 41 种，羊肉类 37 种，鱼肉类 28 种，海鲜类 13 种，蔬菜类 39 种，调味汁菜 28 种，其他类 15 种。

1995 年时，北京经营法式西餐的著名餐饮店有 9 家，即马克西姆、美尼姆斯、福楼、浮士德、凯旋西餐厅、凯涛西餐厅、杰斯汀、塞纳河法国餐厅、凯帝思法国餐厅。

马克西姆餐厅 位于崇文门西大街 2 号崇文门饭店内，是 1983 年中国与法国合作经营开业的一家高级豪华型的法式正宗大菜餐馆，也是北京乃至全国的第一家中外合资的高档西餐厅。在法国，餐馆中影响最大、级别最高、名菜最多的是在巴黎开设的马克西姆餐厅，有百年历史，是巴黎上流社会人士聚集宴请的著名场所。从 1979 年起，由法国著名服装设计大师皮尔・卡丹经营，为世界闻名的高级餐馆。北京的马克西姆餐厅，由法国建筑工艺师按照巴黎马克西姆餐厅的风格设计，分为两大部分：二楼为宴会厅和贵宾厅，经营法式正宗大菜；一楼为散座厅，经营中低档法式菜肴和精致点心。餐厅聘请法国著名的烹饪师和点心师担任烹调工作，所用的重要原材料，如法式大菜所用的牛肉和法国名酒、饮料等，都由法国直接运来或由国外进口。经营品种丰富多彩，名菜名点完全是地道的法国正宗风味。例如法式大菜

20世纪80年代中外合作经营的马克西姆餐厅

牛排，使用进口的肉质细嫩的仔牛肉，取其里脊部位的嫩肉，经过全冻处理，清除血腥味，做出的牛排，质感鲜嫩并具有特殊的清香味。特制鹅肝、阿尔贝煎牛柳、酥皮蜗牛、鱼子馅饼等名菜，选料和烹调也都极其讲究。在服务方面，除法方人员外，中方的服务人员都到法国进行过专门培训，按巴黎马克西姆餐厅的规范服务。

美尼姆斯餐厅　原是法国巴黎的一家经营法式菜的中档餐厅，与马克西姆餐厅齐名。北京的美尼姆斯餐厅在崇文门饭店一层，在马克西姆餐厅西边，营业面积 440 平方米，厨房面积 230 平方米，可同时举办 100 人宴会或 150 人的酒会。1984 年 7 月 1 日开业。美尼姆斯餐厅与马克西姆餐厅经营风格不同，服务对象各异。美尼姆斯餐厅是以法兰西现代派风格迎接客人，餐厅主营中档法式菜点，有烤牛肉、黄油煎火鸡、炸比目鱼、洋葱汤、法国沙拉及各式甜点、面包等。在法语中，马克西姆有“大”的意思，美尼姆斯有“小”的意思。美尼姆斯意为马克西姆的小弟。二者联手经营扩大了供应面，能为更广泛的消费者服务。1989年10月，美尼姆斯餐厅召开董事会。会议决定在厅内增设商品部、歌舞厅，并对美尼姆斯餐厅重新装修。装修后的美尼姆斯餐厅，大厅像个花园，墙上围着木栅栏和用仿真绢花架起拱形门造型，让人感到置身于田园之中。1990年，在王府井90号开设了美尼姆斯快餐店，主要经营三明治、汉堡包、面包、糕点、冷饮等，由于建设用地，1993年10月关闭。

俄国菜及名店

俄国菜是西餐中一个大菜系，挪威、瑞典、芬兰、丹麦等北欧国家的菜，都与之相似。俄国菜选料广泛，讲究制作，加工精细，因料施技，注重色泽，味道多样，适应性强。在烹调技法上，长于煎、炸、烤、焖、蒸、煮、烩等；重视菜肴的调味作用，保持原汁原味，使菜肴清香、酸甜、醇厚、软滑、浓郁不腻。俄国人喜欢吃酸辣甜咸的菜肴，在烹调时大都使用酸奶油、奶渣、白塔油（即奶油也叫黄油）、酸黄瓜、柠檬、辣椒、洋葱、小茴香、香叶等。俄国人也喜欢吃鲑鱼、鲱鱼、鲟鱼、鳟鱼、红黑鱼子、烟熏过的咸鳀鱼、鲳鱼的制成品以及部分海味，还喜欢吃用鱼肉、各种各样的碎肉末、鸡蛋和蔬菜做成的包子。俄国菜肴的品种众多，北京莫斯科餐厅经营的菜点就有 600 多种。

1995 年时，在北京经营俄式西餐大菜的饭馆有 10 家，其中 6 家在日坛北路上（俄罗斯餐馆一条街）。另有，基辅餐厅，在玉渊潭南路普惠南里 13 号；华天大地餐厅，在西四南大街 44 号；小白桦西餐厅，在阜成门外大街 24 号京滨饭店一层；莫斯科餐厅，在西直门外大街 135 号北京展览馆院内。

莫斯科餐厅 位于西外大街 135 号，北京展览馆内西侧。建于 1954 年，当年 10 月 2 日开始营业。由苏联专家和中国工程技术人员共同设计建造，是一座高雅、华丽、浓郁的俄罗斯民族风格建筑。在当时是最高档的俄国餐厅。莫斯科餐厅的门厅矗立着高大的石柱，厅内四壁为淡绿色的大理石，白色雪花图案的天花板上挂着一串串晶莹剔透的水晶吊灯，四根深绿色铜制圆柱上镶嵌着松枝和栩栩如生的动物图案，使人宛如置身于林荫之中。大厅正前方是一座假山石水池，不时喷出细细的水珠。整个餐厅气氛和谐，环境幽雅。莫斯科餐厅由大餐厅、宴会厅、咖啡厅等组成，营业面积 1300 多平方米，可同时接待 500 人用餐，可承办宴会、招待会、自助餐、冷餐会、酒会等。餐厅备有音响设备和宽敞的停车场，是高规格的西餐厅。莫斯科餐厅是北京最大的俄式菜餐厅，一直以纯正的俄罗斯风味吸引着中外宾客。经营的名菜有莫斯科红菜汤、高加索鸡片汤、首都沙拉、冷酸鱼、马乃士蟹肉沙拉、红黑鱼子、莫斯科烤鱼虾、马林哥鸡、基辅式鸡卷、乌克兰白菜卷、莫斯科鸡排、俄罗斯鱼汁汤、炸猪排等。还兼营英、法、德、意等西菜，并在节假日和各种宴会提供高档名菜。制作的西式糕点也享有盛誉，主要有奶油大蛋糕、巧克力大蛋糕等，还可定做生日蛋糕，并根据顾客要求加写需要的字和图案。1995 年，莫斯科餐厅有特级烹调师和高级烹调师 50 名。还有经过苏联专家培训的服务师。

俄罗斯餐馆一条街 位于朝阳区日坛北路上，有一个以日坛公园为中心、由周边数条小街（日坛北路、雅宝路、光华路等）串联成的生活商圈，当地人称为“俄罗斯小区”。在“小区”南边，即日坛公园东南角的秀水街，经常有许多俄国商人在此经商，到日坛北路“俄罗斯小区”吃饭、娱乐、休息，逐渐兴办了一些俄式西餐馆。到 1995 年已有 6 家，即时光倒流餐厅，在日坛北路 4 号；大笨象西餐厅，在日坛北路 17 号；大白熊西餐厅，在日坛北路 15 号；南斯拉夫西餐厅，在日坛北路 16 号；俄罗斯餐厅，在日坛北路 31 号；日坛莫斯科风味饭庄，在光华路与日坛路交界处。每当夜幕降临、华灯初上时，日坛北路上的俄国餐馆开始营业，菜品有俄罗斯厨师烹制的罗宋汤、乌克兰焖牛肉、炭烤高加索羊腿、呛喉的伏特加、俄式烘焙面包和来自北方的高级鱼子酱等。晚 8 点刚过，抒情醉人的俄罗斯民谣从舞台上悠然响起，由俄罗斯乐队现场演奏的《莫斯科郊外的晚上》回荡日坛北路。

美国菜及名店

美国菜是在英国菜的基础上发展起来的，在烹调上大致与英国菜相似，铁扒一类的菜较为普遍。菜肴咸里带甜，常用水果作配料，如菠萝焗火腿、苹果烧鹅鸭、橘子烧野鸭等。美国人早晨喜食各种果汁和略有咸味的点心，并对色拉很感兴趣，原料大都采用水果（香蕉、苹果、梨、菠萝、橘子、柚子等）拌和芹菜、生菜、土豆等，调料用色拉油沙司和鲜奶油，口味别致。

肯德基快餐店 位于前门西大街正阳市场 1 号楼中部一、二层，营业面积约 1460 平方米，餐座 700 个，从业 120 人。1987 年 11 月开业。由北京市畜牧局、旅游局与美国肯德基国际有限公司合资经营，是北京市第一家中外合资快餐店。肯德基家乡鸡是美国人山德士上校在 20 世纪 30 年代中期发明的，现在肯德基已成为世界上最著名的联合快餐公司之一。北京肯德基是美国国际肯德基公司在中国开办的最大的快餐店。肯德基家乡鸡选用重量相等的一等肉鸡，其制作方法是将一只净膛去头的肉鸡平均分割成九块，放在奶汁和蛋液里浸润，再倒进混有 11 种草药和调料的配方液体里，使鸡块均匀地黏附，最后放入特制的高压炸锅烹制而成。出锅后存入保温箱，在规定的时间里出售，过时立即报废处理。肯德基的服务是“一分钟五部曲”，即：1. 热情问候，甜蜜微笑；2. 双目注视，仔细聆听；3. 建议销售，因人而异；4. 迅速包装，准确无误；5. 感谢顾客，欢迎光临。肯德基快餐店明码标价，一份约 10 元钱的中档套餐，内有约 300 克两块炸鸡，还有菜丝沙拉、鸡汁土豆泥和一杯热牛奶或其他饮料。北京肯德基店，1988 年获得世界肯德基范围内年销售额、日销售额等多项冠军。北京肯德基开业两年就收回了全部投资。1994 年，营业额 1800 万元，成为中外合资企业中的名店。1989 年 9 月北京肯德基向北京市教育基金会捐款 10 万元,1992 年 3 月向“希望工程”捐款 30 万元，1992 年 7 月向张北地区的贫困山区捐助 2 所希望小学。截至 1995 年，肯德基在北京有 10 家餐厅。

麦当劳餐厅　1991 年，北京市农工商联合总公司和美国麦当劳公司合资成立北京麦当劳食品有限公司，各自出资 1040 万美元。1992 年 4 月 23 日，北京第一家麦当劳快餐店在王府井大街南口路东开业，主要食品有巨无霸、吉士汉堡、汉堡包、麦香鸡、麦香鱼、炸薯条、奶昔、苹果派、圣代、可乐饮料、咖啡、红茶等。开业第一天服务 13219 人次，打破麦当劳开业接待顾客的世界纪录。1992 年平均每天服务 2 万人次。1992 年底，麦当劳快餐厅在北京有 4 家连锁店。麦当劳以顾客为先，顾客在柜台排队的时间不超过 2 分钟，服务员必须在 1 分钟之内将顾客需要的食品送到顾客面前（40 秒内烤好一个牛肉饼，1 分钟内完成整个汉堡包的配料打包）。麦当劳长安餐厅开业之日，员工们每服务一个顾客仅用 21 秒,打破麦当劳的世界纪录。餐厅里设儿童车、儿童座椅，孩子们可以和父母“平起平坐”，共同用餐。还为儿童举办集体及家庭式生日会。麦当劳的食品质量标准统一，无论到哪个连锁店（包括国外的）用餐,质量都是一样的。1995 年底，北京麦当劳餐厅发展到 30 家，向国家缴纳税款累计 3000 万元。

星期五餐厅　位于朝阳区东三环北路 19 号华鹏大厦内，1995 年开业。餐厅同时可供 400 人用餐。经营美式正宗西餐，主要品种有田纳西牛排、炭烤猪排骨，还供应沙拉、冰激凌、可乐。鸡尾酒很好，调酒师的技术水平较高。招牌菜是星期五三式组合，即由烤马铃薯皮、香酥马芝拉条及纽约辣鸡翅组成，佐以酸乳酪虾夷葱及马利那拉酱。餐厅还有 2 个分店，2 号店在朝阳区北展东路 18 号亚运村凯迪克酒店一层，3 号店在海淀区中关村南大街 1 号友谊宾馆贵宾楼一层。

亚洲地区和南美地区的餐馆

亚洲国家餐馆中,以日本料理和韩国料理最多,其次是泰国菜。

20 世纪 80 年代，日本料理在北京饮食市场上崭露头角，首先在大饭店立住脚跟，然后抢占饮食市场。如北京饭店 E 座一层有“五人百姓”日本餐厅，主要有生鱼片、什锦寿司、江户寿司、甜不辣等名菜，生鱼片原料从日本空运。新侨饭店三宝乐营业厅内有“安具乐”日本餐厅；中国大饭店内有日本“鸭川餐厅”；王府饭店内也有日本餐厅。1983 年，日本菜馆多味斋开业，在朝阳区新源西里渔阳饭店东侧；1991年，又有石亭在西城开业、万潮食屋在东四北大街306号开业；1992年，松子店入京；1997年，德川家在京开业；2001年，禾缘回转寿司入京；2006年，黑松白鹿和风料理店在京开业。日本菜制作精细，操作认真，讲究造型，器皿亮丽；烹调擅长生、蒸、煮、炸、烤、焖6种技法；菜品清淡，容易消化，热量较低，营养丰富。

韩国料理近似中国菜，在北京饮食市场上与日本料理并驾齐驱。韩国菜烹调技法众多，主要有烹、炸、爆、熘、炒、煨、焖、煎、贴、炖、蒸、烤、烩、烧、排、酥、干打等。韩国料理以烧烤菜最为著名，原料主要是牛肉、狗肉、鸡肉等。狗肉是韩国人爱吃的肉食之一，且烹调技艺精湛，花样繁多，是待客的上品。韩国泡菜也很著名。韩国料理店有斗亚餐厅，在美术馆后街；北京伍衍烤城，在王府井金鱼胡同12号，1991年开业；高丽酒家，在东城华龙街中楼二层北部；金笠酒家，在北京站东街；高丽屋，在白云路甲2号；20世纪90年代至21世纪初，还有“三千里”“汉拿山”“权金城”等韩国餐馆在京开业。

泰国菜馆名店主要有泰和宫、泰和金、泰香辣、泰辣椒、泰好味、泰妃苑、非常泰等。其他国家菜馆，还有印度、印尼、马来西亚、越南等国家的风味餐馆。

南美地区的餐馆主要是巴西和阿根廷两国，都经营烤肉。巴西烤肉店在北京有数家，烤法特殊，很受欢迎。

筵 席

筵席又称酒席、宴会，是人们聚餐饮食的重要方式。《清稗类钞》对筵席的记述是："俗以宴客为肆筵设席者，以《周礼·司几筵》注'铺陈曰筵，籍之曰席'也。先铺于地上者为筵，加于筵上者为席。古人席地而坐，食品咸置之筵间，后人因有筵席之称，又谓之曰酒席。就其主要品而言之，曰烧烤席，曰燕菜席，曰鱼翅席，曰鱼唇席，曰海参席，曰蛏干席，曰三丝席——鸡丝、火腿丝、肉丝为三丝等是也。"

汉代之前吃酒席都是席地而坐。从汉代开始，筵席才有矮桌凳，凭桌而食，席面随之升高。唐代有了椅子，五代有了桌子，人们摆脱了席地而坐的旧习。明清之际有了八仙桌，宴会也盛况空前。筵席起源夏朝，兴于隋唐，全盛于明清，流传于民国。当今宴会的流行性、频繁性、民间性又有发展。宴会的名称、种类，说法不一。现按宫廷宴、国宴、官府宴、民间宴记述。

宫廷宴

宫廷宴会又称御宴，从殷朝时就立为国家的礼仪制度，后为各朝代沿袭。这类宴会规格最高，都是朝廷举办的盛大宴会，如皇帝登基喜庆加冕，委任册封，庆功、祝捷、祝圣寿、点状元、大节日等赐宴。历代的宫廷宴会，均猎奇求珍，追求奢华。到了清代，更加铺张，把山、海、禽、草中最珍稀的八种极品奉为“八珍”，凡举筵席上“八珍”，“满汉全席”菜点品种有数百种，需分多次食用。乾隆下江南，所带御膳物品用 800 峰骆驼驮运，膳房作菜肴的羊要带千余只，每到一地，都由御厨和当地名厨一起，选用名贵山珍海味精烹细调，制作豪筵盛席。慈禧每餐均设筵享用，菜肴点心在 140 种以上。

辽代宫廷宴

春宴 据《辽史·礼志六·嘉仪下》记载，辽王朝在正旦（每年大年初一）的早晨，用糯米饭和白羊髓制成如拳头大小的圆饼，由皇帝分赐给臣僚，每帐赐给49枚，午夜时分掷出窗口。接着，数名戏偶起舞，乐队起奏，宫廷大宴正式开始，牛、羊、猪、鸡、鱼、鹅、鸭等名菜齐上，酒、马奶、乳酪等具备，宴至半夜而散。

重九宴 《辽史·礼志六·嘉仪下》记载，九月九日设“重九宴”。每逢九九重阳，辽代皇帝都要与大臣们外出郊游狩猎，选高地设帐，举行野外酒宴，皇帝赐臣菊花酒，上的菜均是野味，滋味精美，酒宴通宵达旦。

头鱼宴和头鹅宴 头鱼宴和头鹅宴，是辽宫帝王食用之宴。据《辽史·礼志》记载：辽代皇帝穆宗耶律璟爱吃鱼、鹅、鸭，庚午获鸭，甲申获鹅，皆饮达旦。

“头鱼宴”，是正月初一上岁时，钓鱼得头鱼，将此鱼令御厨制成美味，辽皇马上设酒宴，食用“头鱼”，在辽宫称为“头鱼宴”。每逢节日都如此。谁钓得头鱼进献皇上，便得重赏。“头鹅宴”，每逢正月出发，皇帝到黑山拜陵、游猎，到鸭子河同侍臣射猎，捕杀飞鹅。谁先得“头鹅”，皇帝便赏赐银绢，并于当地开设“头鹅宴”，将捕捉到的天鹅，令御厨烹制成各种美味。这种野宴，不仅有头鹅，还有鹿肉、鸭肉以及野禽等。

金代宫廷宴

金贞元三年（1155 年）十一月，海陵王宴百官于太和殿。大定二年（1162 年）正月，金世宗在太和殿宴百官、宗戚、命妇。大定二十五年（1185 年）正月，金世宗宴妃嫔、亲王、公主、文武从官于光德殿；四月，宴宗室、宗妇于皇武殿。明昌五年（1194 年）七月，金章宗在枢光殿举宴，凡从官及承应人遇覃恩迁秩者，并受宣敕于殿前。菜点丰富多彩，有最珍贵的“烤全羊”“鱼生（生鱼片）、獐生（生獐肉），间用烧肉冬”，还有“酥饼”“茶食”等。

元代宫廷宴

宫廷国宴　元代凡是国有朝会、盛典，宗王、大臣来朝，岁时行幸，皆有宴飨之礼。元太祖成吉思汗逝世后，举行朝会，戚王权臣设立新君，“大设宴飨”，与会者大宴数十日。最后决定由窝阔台即位时，举行国宴，蒙古诸长拜毕入帐，设宴以庆大礼之成。朝会长达近两个月，国宴也延续近两个月。

宫廷祀筵　是皇家敬神祭祖大宴。有特牲五种（纯马、青牛、白羊、黑猪、黄鹿），太羹三登，和羹三铏，盛菜笾豆各十二个，稻米饭和黄米饭各两盘，酒十一杯，马奶等各种饮料。其物料皆由大臣带领猎队捕取，然后挑选名厨烹制，礼仪隆重。

宫廷整羊席　整羊席是元朝宫廷酒宴之一，每逢喜庆宴会和招待贵宾时举办。成吉思汗己未年（38 岁）带领蒙军行军途中过新年，正月初一晨，满朝文武百官拜完年，即摆上九桌“整羊席”的盛大宴会。是将蒸好或煮好的整羊放在矮桌上，配有肉汤、炒米，味亦佳。忽必烈统一中国后，元朝宫廷每年正月初一，摆整羊席招待宫廷臣僚。

宫廷诈马宴 诈马宴，是元代宫廷大宴。据《蒙古秘史》记载：从成吉思汗时代起，蒙古王宫每年于六月三日和八月都举行大宴，大宴的形式有多种，“诈马宴”为其一。“诈马宴”，又称只孙宴和衣宴，参加宴会的人穿一色的服饰，故名。关于诈马宴的盛况，在周伯琦的《诈马行》诗序中有记载：“国家之制，乘舆北幸上京，岁以六月吉日，命宿卫大臣及近侍，服所赐只孙珠翠金宝衣冠腰带，盛饰名马，清晨自城外各持彩仗，列队驰入禁中，于是上盛服御殿临视，乃大张宴为乐。惟宗王、戚里、宿卫大臣前列行酒，余各以职叙坐合饮。诸方奏大乐，陈百戏，如是者凡三日而罢。其佩服日一易，太官用羊二千皦（音皎），马三匹，他费称是，名之曰只孙宴。只孙，华言一衣也。俗呼为‘诈马宴’。”

宫廷马奶宴 马奶宴，元宫御宴。每年八月，由帝王设马奶宴招待臣僚，帝王与臣都用大碗饮马奶酒。马奶是蒙古最珍贵的食物之一。上至帝王、下至牧民都以此为贵。忽必烈统一全中国后，曾多次在宫中举行马奶宴、食用元宫廷八珍，即醍醐、麆沆、野驼蹄、鹿唇、驼乳糜、天鹅炙、紫玉浆、元玉浆（又名玄玉浆，即精制御用马奶酒）。

明代宫廷宴

明成祖永乐十九年（1421 年）正月，迁都北京，在奉天殿朝贺，大宴群臣。明朝统治者举办的饮宴有大宴、中宴、常宴、小宴。永乐年间（1403—1424 年），“凡立春、元宵、四月八日、端午、重阳、腊八日，俱于奉天门赐百官宴”；凡祀圜丘、方泽、祈谷、朝日夕月、耕籍、经筵日讲、东宫讲读，皆赐饭；纂修校勘书籍、开馆暨书成，皆赐宴。

清代宫廷宴

清朝，在皇宫有御膳房数处，在颐和园、圆明园及承德避暑山庄等，有大小御膳房数十处。宫廷宴会名目繁多，规模巨大。有“纳彩宴”“千叟宴”“凯旋宴”“万寿宴”等十多种。宴会均食“满汉全席”，有 196 道菜点，用餐具 404 种，件件不同。参宴规模小者近百人，或数百人，大者竟至五千人。宫廷宴会，礼仪隆重，古乐伴奏，宫女服侍。为帝王饮食服务的人员，仅“养心殿御膳房”就有数百人，设有庖长 2 人，副庖长 2 人，庖人 27 人，领班拜唐阿 2 人，拜唐阿 20 人，承应长 20 人，承应人 44 人，催长 2 人，领催 6 人，三旗厨役 57 人，招募厨役 10 人，夫役 30 人。这 222 人为“承应膳差人”。此外，还有七品执守侍总管太监 2 人，八品随侍首领太监 6 人，司膳太监 100 人，抬水差使太监 10 人，这 118 人专司上用膳馐、各宫馔品及各处供献，节令宴席、随侍、坐更等事。

清代的宫廷宴礼名目繁多，其中有慈宁宫筵宴仪、皇帝躬侍皇太后家宴仪、皇后千秋内宴仪、乾清宫曲宴廷臣仪、瀛台锡宴仪、丰泽园凯宴仪、紫光阁锡宴仪、皇太后宴仪、乾清宫家宴仪、皇后千秋宴仪、皇贵妃千秋宴仪、皇妃千秋宴仪、太上皇帝宴仪、乾清宫宴亲藩仪、乾清宫普宴宗室仪、惇叙殿宴宗室仪、太和殿元会宴仪、保和殿宴外藩仪、乾清宫千叟宴仪、皇极殿千叟宴仪、文渊阁赐宴仪、紫光阁凯宴仪、紫光阁宴外藩仪，等等。

千叟宴 康熙五十二年（1713年）创典，设畅春园。三月十九日，皇帝六旬“万寿”，各地耆老有感于君王“恩泽”，新春伊始便纷纷进京祝寿。为了庆贺皇帝“万寿”，康熙在三月二十五日和二十七日两次宴赏耆老，先后有年90岁以上者33人，80岁以上者538人，70岁以上者1823人，65岁以上者1846人，于畅春园正门前与宴。康熙六十一年（1722年）正月新春，皇帝又召八旗文武大臣年65岁以上者680人，汉官年65岁以上者340人，分满汉两次入席。席上，康熙赋《千叟宴诗》。参加千叟宴的人员皆由皇帝钦定，由有关衙门分别行文通知。入宴各员接到由兵部加封火票、驿站连日递送的来文后，随即清理政务，相宜启程于封印前抵京，届期入宴。同时，与宴各员由有关衙门相应开写路履历，知会内务府或军机处。近畿耆老不费数日即可到达，而云南的入宴人员，则于封篆前两个多月就已启程上路。

千叟宴在名目繁多的宴仪中，规模最大，耗费最巨，不轻易举行，清朝10代帝王267年中，只在康乾盛世举行过4次。

乾隆四十九年（1784 年），卷帙浩繁的《四库全书》编纂告竣，年过七旬的乾隆皇帝又添五世元孙。于是，在乾隆五十年（1785 年）正月初六，赐千叟宴于乾清宫。届时有耆老 3000 人与宴。宴席除宝座前的御宴之外，共摆宴桌 800 张。《国朝宫史续编》记载："是日，陈中和韶乐于乾清宫檐下，丹陛大乐于乾清门内。……列宴席五十于殿廊下，二百四十四席于丹墀内，一百二十四席于甬道左右，三百八十二席于丹墀外左右，为席八百。"

宴席分一等桌张和次等桌张两级设摆。一等宴席摆设在殿内和廊下两旁，王公和一、二品大臣以及外国使臣在一等宴桌入宴。一等宴席每桌设火锅 2 个（银制和锡制各一），猪肉片 1 盘，煺羊肉片 1 盘，鹿尾烧鹿肉 1 盘，煺羊肉乌叉 1 盘，荤菜 4 碗，蒸食寿意 1 盘，炉食寿意 1 盘，螺蛳盒小菜 2 个，乌木筋 2 只，另备肉丝烫饭。次等宴席摆设在丹墀、甬道和丹墀以下。三至九品官员、内蒙古台吉、顶戴、领催、兵民等在次等宴桌入宴。次等宴席每桌设火锅 2 个（铜制），猪肉片 1 盘，煺羊肉片 1 盘，煺羊肉 1 盘，烧狍肉 1 盘，蒸食寿意 1 盘，炉食寿意 1 盘，螺蛳盒小菜 2 个，乌木筋 2 只，另备肉丝烫饭。

千叟宴席耗费相当可观。乾隆五十年（1785 年）的千叟宴，一等和次等饭菜共 800 桌，连同御宴，共消耗主副食品为：白面 750 斤 12 两，白糖 36 斤 2 两，澄沙 30 斤 5 两，香油 10 斤 2 两，鸡蛋 100 斤，甜酱 10 斤，白盐 5 斤，绿豆粉 3 斤 2 两，江米 4 斗 2 合，山药 25 斤，核桃仁 6 斤 12 两，晒干枣 10 斤 2 两，香蕈 5 两，猪肉 1700 斤，菜鸭 850 只，菜鸡 850 只，肘子 1700 个。

清宫除夕家宴 清代皇帝过春节，颇有讲究。除夕早晨，皇帝同皇后、妃嫔等在重华宫共进早膳。皇帝座前有帏子矮桌一张，桌上摆大金碗拉拉（满语，即黄米饭）一品，燕窝挂炉鸭子挂炉肉野意热锅一品，燕窝芙蓉鸭子热锅一品，万年青酒炖鸭子热锅一品，八仙碗燕窝苹果脍肥鸡一品，青白玉碗托汤鸭子一品，青白玉碗额思克森鹿尾酱一品，金枪碗碎剁野鸡一品，金枪碗清蒸鸭子鹿尾攒盘一品，金盘羊乌义一品，金盘烧鹿肉一品，金盘烧野猪肉一品，金盘鹿尾一品，金盘蒸肥鸭一品，珐琅盘竹节卷小馒首一品，珐琅盘番薯一品，珐琅盘年糕一品，珐琅葵花盒小菜一品，等等。皇后、妃嫔等用帏子条桌若干，分摆例菜及绿龙黄碗菜、霁红碗菜，每桌拉拉一品，饽饽（甜点心）二品，盘肉三品，攒盘肉一品，银螺蛳盒小菜二个，等等。

正午（中午 12 时），太监们开始在乾清宫摆设御用金龙大宴桌。皇帝的宴桌共摆膳桌 8 路，先从外边摆起。乾隆四十一年（1776 年），皇帝的大宴桌摆设如下：头路，松棚果罩 4 座，上安迎春象牙牌 4 个，两边花瓶 1 对，中间点心 5 品，用青白玉盘；二路，一字高头点心 9 品，用青白玉碗；三路，圆肩高头点心 9 品，用青白玉碗；四路，红色雕漆看果盒 2 副，两边苏糕鲍螺 4 座，用小青白玉碗；五路、六路、七路、八路膳均为 10 品，此 40 品用青白玉碗。除果盒外，全桌八路共摆膳 63 品。此外，在膳桌东边，还要摆设奶子 1 品，小点心 1 品，炉食 1 品；两边摆放敖尔布哈（满语，即油糕）1 品，鸭子馅临清饺子 1 品，米面点心 1 品。这些均用 5 寸青白玉盘。两边还各摆上南小菜、清酱、酱 3 样、老腌菜等 4 品菜。在皇帝近前，左面摆金匙、叉子，右面摆羹匙、筷子，正面摆筷套、手布和纸花。

皇帝宴桌摆毕，即由敬事房摆设内廷后妃陪宴宴桌。宴桌用带有帏子的高桌，分左右两排，设在皇帝宴桌左前方和右前方。宴桌上，按后妃地位之别，分绿龙黄碗、白里酱色碗、霁红碗摆放，紫龙碗每桌皆备，并各安绢花。每桌高头点心 5 品，干湿点心 4 品，银碟小菜 4 品（内有清酱 1 品）。

历代清宫的除夕家宴，皇帝大宴桌和后妃陪宴宴桌均如此摆设。只是膳品有所不同。

未初二刻（下午 1 时 30 分），太监传摆热宴，始请皇帝升座。此时乾清宫中和韶乐声起，皇帝升座，总管太监步出殿外，皇后、妃、嫔、贵人、常在等按次入宴。在乐声中，给皇帝送汤膳盒 1 对：左 1 盒内有红白鸭子大菜汤膳及粳米膳各 1 品，右 1 盒内有燕窝捶鸡汤及豆腐汤各 1 品，用雕漆飞龙宴盒。皇帝汤膳盒盖拿出后，送后妃汤膳和粳米膳各 1 品。用毕，奏乐停止。接着，在南府承应戏的演唱声中开始呈送奶茶。当皇帝喝的白玉奶茶的碗盖拿出宫外后，才送后妃奶茶。奶茶饮毕，茶桌撤下，承应戏随即而止。随后，转宴大席开始。先从皇帝向外转起，然后才转内廷诸宴。先转汤膳碗，再转小菜、点心、群膳、捶手、果钟、苏糕、鲍螺、金羹匙、金匙、高头松棚果罩等，花瓶、筷子、叉子及果盒不转。转宴之后，接着摆酒宴。此时乐声再起，随上皇帝酒膳 1 桌，均用铜胎掐丝珐琅盘摆设。酒膳分 5 路，每路 8 品，共 40 品，由 5 对飞龙宴盒呈进。头对盒：荤菜 4 品，果子 4 品。二对盒：荤菜 8 品。三对盒：果子 8 品。四对盒：荤菜 8 品。五对盒：果子 8 品。在乐曲声中，头对盒摆设完毕，进二对盒。在进二对盒的同时，即摆设后妃各桌酒宴。后妃酒膳每桌 15 品：菜 7 品，果子 8 品，每桌由一对盒呈进。酒宴摆完，摆宴人俱出殿外。乐曲稍停，开始送酒，启奏丹升大乐。皇帝尝酒后，后妃按次一一进酒。进酒之后上果茶。送过果茶，由首领太监 4 人将酒桌抬下。接着后妃起座。此时，乾清宫侍宴总管太监启奏宴毕，顿时祝乐奏起，皇帝离宴。偌大的宴席，皇帝是吃不了的，随即传旨，赏赐王公大臣。于是乐止宴撤。到此，除夕的宫廷家宴便告结束。

乾隆四十九年（1784 年）除夕宫廷家宴，仅皇帝 1 桌大宴和 1 桌酒席，就用猪肉 65 斤，肥鸭 1 只，菜鸭 3 只，肥鸡 3 只，菜鸡 7 只，肘子 3 个，肚子 2 个，小肚子 8 个，管子 15 根，野猪肉 25 斤，关东鹅 5 只，羊肉 20 斤，鹿肉 15 斤，野鸡 6 只，鱼 20 斤，鹿尾 4 个，大小肠子各 3 根。此外，点心每品用白面 5 斤 4 两，白糖 6 两。

满汉全席　满汉全席兴起于清代，是集满族与汉族菜点之精华而形成。汇集满汉众多名馔，择取时鲜海错，搜寻山珍异兽。满汉全席是清王朝最高规格的宴席。乾隆年间（1736—1795 年）由宫廷传至官府。李斗《扬州画舫录》记载的“满汉全席”是：

“第一份，头号五簋碗十件——燕窝鸡丝汤、海参汇猪筋、鲜蛏萝卜丝羹、海带猪肚丝羹、鲍鱼汇珍珠菜、淡菜虾子汤、鱼翅螃蟹羹、蘑菇煨鸡、鱼肚煨火腿、鲨鱼皮鸡汁羹、血粉汤。一品级汤饭碗。

第二份，二号五簋碗十件——鲫鱼舌汇熊掌、糟猩唇猪脑、假豹胎、蒸驼峰、梨片伴蒸果子狸、蒸鹿尾、野鸡片汤、风猪片子、风羊片子、兔脯奶房签。一品级汤饭碗。

第三份，细白羹碗十件——猪肚、假江珧、鸭舌羹、鸡笋粥、猪脑羹、芙蓉蛋鹅掌羹、糟蒸鲫鱼、假斑鱼肝、西施乳文思豆腐羹、甲鱼肉片子汤、茧儿羹。一品级汤碗。

第四份，毛鱼盘二十件——炙、哈尔巴子、猪子油炸猪羊肉、挂炉走油鸡、鹅、鸭、鸽臛、猪杂什、燎毛猪羊肉、白煮猪羊肉、白蒸小猪子、小羊子、鸡、鸭、鹅、白面饽饽卷子、什锦火烧、梅花包子。

第五份，洋碟二十件、热吃劝酒二十味、小菜碟二十件、枯果十彻桌、鲜果十彻桌。所谓满汉席也。”（《中国古代饮食》，陕西人民出版社 2002 年 9 月版）

许衡著《粤菜存真》中记载的广州的满汉全席膳单（全桌）如下：

到奉（客人来到献奉点心）：每位蟹肉片儿面，咸甜美点四式。

茗叙（谓之“手分”）：香茗，红瓜子，银杏仁。

第一度：两冷荤：京都熏鱼，花蕊肫肝。两热荤：鸡皮鲟龙，蚝油鲜菰。一品上汤官燕，干烧大网鲍鱼，炒梅花北鹿丝，雪耳白鸽蛋（每位），金陵片皮鸭（一双），跟饽饽一度。鲜奶苹果露，精美甜点心四式。

第二度：两双拼：菠萝拼火鹅，云腿拼腰润。两热荤：合核肾肝片，夜香鲜虾仁。红扒大裙翅，鹤寿松龄，翡翠珊瑚，口蘑鸡腰（每位），烧乳猪全体，跟千层饼，酸辣汤，酸菜。岭南咸点心一度，跟长寿汤一碗。

第三度：两冷荤：卤水猪脷，青瓜皮虾。熊掌炖鹧鸪，凤肝拼螺片，麒麟吐玉书，杜花耳鸭（每位）。如意鸡成对，跟片儿烧一度。申江美点心一度，跟长春汤一碗，会伊府面九寸。

第四度：两双拼：露笋拼白鸡，酥羌拼彩蛋。烩金钱豹狸，鹿尾巴蚬鸭，鼎湖罗汉斋。清汤雪蛤（每位），哈儿巴一礼，跟如意卷一度。雪东甜点心一度，冰冻杏仁豆腐。

第五度（即四座菜，又名压席菜）：玉兰广肚，乌龙肘子，清蒸海鲜，锅烧羊腩。四饭菜汤：咸鱼，油菜，咸蛋，牛腩，蛋花汤，稀、硬饭。三十二围碟。其中，四京果：酥核桃，奶提子，杏脯肉，荔枝干。四生果：鲜柳橙，潮州柑，沙田柚，甜黄皮。四糖果：糖冬瓜，糖椰角，糖莲子，糖橘饼。四水果：水莲藕，水葫蕴，水马蹄，水菱角。四蜜碗：蜜饯金橘，蜜饯枇杷，蜜饯桃脯，蜜饯柚皮。四酸菜：酸青梅，酸沙梨，酸子羌，酸荞头。四冷素：酥甘面根，卤冷白菌，申江笋豆，蚝油扎蹄。四看果：像生时果，雀鹿蜂猴百子寿桃一座。

三十二围碟里的“四水果”是指生长在水中的果类，“四看果”是像生的雕刻品，是供看的，所以叫“看果”。

满汉全席菜肴众多，一夕之间，不能尽餐，所以多分为全日（早、午、晚）进行，或分两日吃完，有的延长到三日，才能终席。

元会宴　元会宴在元旦、国庆、正庆和万寿节时举行。宴所一般在太和殿。始于顺治时期，以后的皇帝循例举行。元会宴按例需设宴桌二百一十张,用羊百只、酒百瓶。乾隆四十五年（1780年）裁减宴十九桌、羊十八只、酒十八瓶。

乾隆御用宴桌由内务府准备。其他宴桌由大臣们按规定恭进,如若不敷使用再由光禄寺负责增加。大臣们恭进宴桌的规定是：亲王每人进八桌（其中大席一桌：银盘碗四十五件、盛羊肉大银方一件、盛盐银碟一件；随席七桌：每桌铜盘碗四十五件、大铜方一件、小铜碟一件），羊三只、酒三瓶（每瓶十斤）。郡王每人进五桌（大席一桌，随席四桌），每桌器具数量和羊、酒数量同亲王。贝勒每人进三桌，羊二只，酒二瓶。贝子每人进二桌，羊、酒数与贝勒同。蒙汉王公每人进一桌，羊一只，酒一瓶（贝勒以下进宴席的器物，均与亲、郡王随席同）。大宴前，先行文宗人府，报名赴宴大臣的名爵、应进桌张和盛器、羊、酒数目，宗人府汇总送礼部查核后奏明乾隆。

元会宴时，王公大臣均着朝服，按朝班排立。吉时，礼部堂官奏请乾隆礼服御殿。这时，午门上钟敲齐鸣，太和殿前檐下的中和韶乐奏《元平之章》。乾隆坐定后,音乐停止,院内阶下三鸣鞭,王公大臣等各入本位，向乾隆行一叩礼坐下后，便是进茶、行谢茶礼，进酒、行谢酒礼，进馔、行进馔礼等一套烦琐的仪式。接着，跳庆隆舞的人们均穿朝服，入殿内正中向乾隆行三叩礼后退立东侧。西边的乐曲奏起时，跳喜起舞的人们按次进舞。每对舞毕，行三叩礼后退下。舞毕进蒙古乐曲和朝鲜族、回族的杂技和百戏。这时，筵宴进入高潮。最后鸣鞭奏乐，皇帝还宫，众大臣退出，大宴结束。

茶宴　茶宴是指“重华宫茶宴”。据《养吉斋丛录》卷十三载：“重华宫茶宴，始于乾隆间。自正月初二至初十日，无定期。嘉庆间，多以初二日举行。先是宴集，赓因无定地，乾隆癸亥（1743 年）后，皆在重华宫。列坐左厢，宴用盒果杯茗。御制诗云：杯休醽醁劳行酒，盘饤馀饾可侑茶。纪实也。初人数无定，大抵内直词臣居多。体裁亦古今并用。小序或有或无，后以时事命题，非长篇不能赅赡。自丙戌（1766 年）始定为七十二韵，二十八人分为八排，人得四句，每排冠以御制，又别有御制七律二章（旧时或一章或二章，无定。诸臣不和者听）。题固预知，惟御制元韵，须要席前发下始知之。与宴仅十八人，寓登瀛学士之意，诗成先后进览，不待汇呈，颁赏珍物，叩首祇谢，亲捧而出。赐物以小荷囊为最重，谢时悬之衣襟，昭恩宠也。余人在外和诗，不入宴。”宴时，大臣每两人一几，用茶膳房供应的奶茶。这种宴会只备奶茶和盒果杯茗，别无馔品，属于吟诗品茶的文雅清宴。

宗室宴　清朝皇帝赐宴王公宗室，在宫内已成定规。既是为表示皇恩浩荡，也有笼络清宗室人心的目的。乾隆四十八年正月初十日（1783 年 2 月 11 日）举办的宗室宴规模最盛大。此次筵宴在乾清宫举行。参加宴会的有皇子以下，王、贝勒、贝子、四品顶戴宗室等共计一千三百零八人，因公事在身或患病等原因未能入宴者有九百六十九人，共摆席五百三十多桌。宴会所用肴馔有明确的等级规格。为乾隆呈进的十五种炉食奶制品有：竹节卷小馒首、象眼小馒首、螺蛳包子豆尔馒首、糊油方点、油糕、豌豆包子、匙子饽饽红糕、孙尼额芬白糕、枣尔糕、白面丝糕、糜子米面糕各一品，炉食饽饽二品，奶子二品。殿内和殿外廊下摆的七十二桌用一等肴馔，每桌有羊肉片热锅和野鸡热锅各一品、羊乌义和炉食各一盘、螺蛳盒小菜两个，另有内膳房供应的粳米饭，外膳房供应的羊肉丝汤。羊肉丝汤用锅子盛装，其中银热锅十六席，锡热锅五十六席。在月台东西两侧和丹陛甬道摆的四百五十八桌用二等肴馔，每桌有羊肉片热锅和狍肉热锅各一品，羊肉、狍肉、烧狍肉、蒸食和炉食各一盘，螺蛳盒小菜两个，另有外膳房供应的肉丝烫饭。食时用乌木筷子。

廷臣宴 康熙二十一年（1682年）春正月，上元节，赐廷臣宴，观灯，用柏梁体赋诗。上首唱云："丽日和风被万方。"廷臣以次属赋。上为《昇平嘉宴诗序》刊石于翰林院。乾隆年间循例举行廷臣宴。每岁上元后一日举行。由乾隆亲点大学士九卿中有勋勚者参加，宴所在圆明园奉三无私殿。宴时，按宗室宴之礼，蒙古王公等也参加。这种筵宴，是乾隆联络属臣感情的一种形式。

宗亲宴 宗亲宴是清朝皇帝招待近支亲藩的一种筵宴。《养吉斋丛录》（卷十五）记载："乾隆间，有扎萨克而兼一二品官职者，亦与廷臣宴。又宗亲宴，间有命异姓王公与列者。如乾隆庚寅（1770年）之超勇亲王成衮扎布、额驸色布腾、巴尔珠尔、拉旺多尔济是也。"赴宴者的地位，在皇子位次，或亲王、郡王以上。

蒙古亲藩宴 蒙古亲藩宴是乾隆专门招待与皇家联姻的蒙古族亲属的一种筵宴。宴所一般在正大光明殿。宴时，由掌仪司负责安排歌艺杂技，蒙古王公按礼要递酒。作陪的有满族一二品大臣。清廷历来与蒙古民族的关系十分密切。乾隆对此宴颇为重视，每年循例举办。能参加筵宴的蒙古亲属，更是视此为莫大荣耀，对皇帝在此宴中颁赏的食物十分珍惜。《清稗类钞》一书中写得很有趣："年班蒙古亲王等入京，值颁赏食物，必携之去，曰带福还家。若无器皿，则以外褂兜之，平金绣蟒，往往为汤汁所沾濡，淋漓尽致，无所惜也。"

大蒙古包宴 大蒙古包宴始于乾隆时期。当时清廷平定了新疆准噶尔部，消灭了天山南路大小和卓木的势力，加强了对西部地区的管理。新疆各地的贵族首领到北京朝拜皇帝，并进献当地土特产。乾隆设宴款待他们。宴所设在圆明园山高水长楼前或避暑山庄万树园。专设大黄帐幕，可容纳千余人参加宴会。宴中的礼仪，和保和殿宴会一样。王公宗室也都参加。对新降诸臣，乾隆亲自赐酒，以示无外。因为以大黄帐幕为主要特征，故称大蒙古包宴。后来嘉庆皇帝也循例举行过。

外藩宴 始于康熙时期，是康熙招待蒙古王公贵族的筵宴，后来历代皇帝循例举行。乾隆时期，这种筵宴举办得很频繁。如："新正筵宴，外藩向在丰泽园。设大幄次，以存旧制。乾隆间，紫光阁落成，其后遂宴于阁。宴后例有赏。内务府大臣司其事。""圣驾驻跸避暑山庄，筵宴外藩，辄召至御前赐酒，内廷词臣，亦得与赐。观灯或一夕，或三夕。银花火树，无异上元。其地在万树园。平原千亩，夭乔繁茂。虽以园名，不施土木。宴时则张穹幕。"

外藩宴是清朝皇帝联络蒙古王公贵族感情的筵宴。后来，范围扩大到新疆、西藏、金川等地的少数民族贵族。宴时，例设中和韶乐、舞庆隆舞，并陈蒙古、回部、金川及各藩部乐，也表演杂技。

国宴

中华人民共和国成立后的国宴，是国家或政府首脑为国家的庆典，或为外国的元首、政府首脑来访举行的正式宴会，规格最高。不仅有国家元首或政府首脑主持，还有国家其他领导人和有关部门的负责人以及各界名流出席作陪，有时还邀请各国使团的负责人及各方面人士参加。国宴厅内悬挂国旗，安排乐队演奏国歌及席间乐，席间致辞或祝酒。通常情况下，国宴席上冷菜 6 种，热菜 4 道，每位客人面前摆大、中、小三个酒杯，上的酒中必有国酒“茅台”，其余是各种名牌葡萄酒，另有橘子水、矿泉水。

1984 年以后，国宴改革，明确规定：在数量上，国宴为“四菜一汤”。在标准上，以中共中央总书记、国家主席、全国人大常委会委员长、国务院总理、中央军委主席、全国政协主席名义举办的国宴每位宾客为 50 ~ 60 元标准；如果宴请少数重要外宾，可在 80 元以内掌握开支；一般宴会每位宾客标准为 30 ~ 40 元。在酒水上，一律不再使用烈性酒，如茅台、汾酒等，根据客人的口味和习惯上酒水，如啤酒、葡萄酒和其他冷饮。同时压缩宴会作陪人员。根据外交对等原则，明确规定，应邀来访的国宾，其代表团成员最多免费招待 30 人，余者吃住行自理。外国驻华使节、常驻记者以及我方有关部门的官员一律不邀请。

国庆宴会

由国务院在每年国庆举行，国务院总理主持，国家主要领导人、各部部长、各国驻华使节、社会名流、专家学者等参加。

开国第一宴　1949 年 10 月 1 日，白天举行开国大典，当晚举行了开国大典盛宴。由当时北京饭店的淮扬名厨执勺承办。先上美味 4 小碟，再上点心类，计有：炸年糕、艾窝窝、黄桥烧饼、淮扬汤包。主菜 15 个：扬州蟹肉狮头、全家福、东坡肉、鸡汤煮干丝、口蘑罐焖鸡、沙炒翡翠虾、鲍鱼浓汁四宝、香麻海蜇、虾子冬笋、炝黄瓜条、芥末鸭掌、酥鲫鱼、罗汉肚、镇江肴肉、桂花盐水鸭。最后上菠萝八宝饭、水果拼盘。

十周年大庆国宴　此宴于 1959 年 9 月 30 日晚在刚落成的人民大会堂宴会厅举行，由国务院总理周恩来主持，毛泽东主席参加。出席的 5000 余人主要是全国劳动模范。设席 500 多桌，每桌菜点、水果 15 种。菜谱为十一道冷菜：七荤（麻辣牛肉、桂花鸭子、叉烧肉、熏鱼、桶子鸡、松花蛋、糖醋海蜇），四素（酱黄瓜、姜汁扁豆、鸡油冬笋、珊瑚白菜）；两道热菜：元宝鸭子、鸡块鱼肚；主食大蛋糕；水果。

宴请美国总统尼克松的国宴

1972 年 2 月，美国总统尼克松和国务卿基辛格访华，中美正式建立外交关系。周恩来总理多次宴请美国贵宾，其中以在人民大会堂举办的国宴最为隆重。共排菜32道：菜单为冷盘9道：黄瓜拼西红柿、盐封鸡、素火腿、酥鲫鱼、菠萝鸭片、广东腊肉、腊鸭、腊肠、三色蛋（松花蛋）；热菜6道：芙蓉竹荪汤、三丝鱼翅、两吃大虾、草菇芥菜、椰子蒸鸡、杏仁酪；点心7道：豌豆黄、炸春卷、梅花饺、炸年糕、面包、黄油、什锦炒饭；水果2道：哈密瓜、橘子；酒水8种：茅台酒、红葡萄酒、青岛啤酒、橘子水、矿泉水、冰块、苏打水、凉开水。

人民大会堂国宴席谱

例一：

冷盘：水晶虾冻、菠萝烤鸭、五香牛肉、如意鱼卷、腐衣菜卷、蓑衣黄鱼；热菜：荷花鸡糕汤、原盅鱼翅、小笼牛肉、鸡油珍珠笋、清蒸鳜鱼、杏仁酪；点心：鲜豌豆糕、鸡丝春卷、四喜蒸饺、炸麻团；水果：切雕造型。

例二：

冷盘：怪味鸡、姜汁蟹卷、芥末鸭掌、蜜汁云腿、玉叶花菇、油焖红椒；热菜：清汤燕菜、黄焖鱼翅、桃仁鸭方（干贝虾片）、花菇瓢菜、三元甲鱼、核桃酪；点心：龙须面、红油水饺、豆沙花点、脆皮炸糕；水果：切雕造型。

钓鱼台国宾馆国宴席谱

第一档，每桌当时售价19800元。

冷菜：红曲鸭子、水晶虾片、炝鲜露笋、芥末墨斗鱼；小菜：琥珀桃仁、翡翠鱼丝、虾须牛肉、金菇掐菜；主菜：清汤燕菜、鲜蟹肉干捞海虎翅、古法焗龙虾、麒麟熊掌、龙井豆腐；点心：萝卜丝饼、三鲜猫耳朵；甜品：豌豆黄、芸苓卷、八宝梨罐；水果：鲜果拼盘。

第二档，每桌当时售价9800元。

冷菜：墨汁鱼卷、杧果鸡脯、腌三文鱼、炝鲜露笋；小菜：酥炸银鱼、香椿豆腐、套炸花生、佛手海蜇；主菜：气锅酸辣乌鱼蛋汤、钓鱼台佛跳墙、罐焖鹿肉、蟹粉狮子头、鼎湖上素；点心：萝卜丝饼、三鲜猫耳朵；甜品：豌豆黄、芸苓卷、八宝梨罐；水果：鲜果拼盘。

官府宴

官府臣僚宴会称官府宴，有时是臣僚接驾举办，有时是官僚们社交活动。接驾宴会有邀宠之意，极为奢华。官僚们的社交宴会，有的在衙门举办，有的在私宅举办，有的在酒楼举办，名目繁多，有诸侯王的游猎宴、游春宴、会盟宴、接风宴、送别宴、荣升宴、赏花宴、九九登高宴等等。

唐代“烧尾宴”

宋代钱易《南部新书》载：“景龙（唐中宗李显年号）以来，大臣初拜官者，例许献食，谓之烧尾。”宋代陶谷所撰《清异录》中载有唐代韦巨源拜尚书令时向唐中宗献的“烧尾宴”食单，摘录了其中35种菜肴和23种饭食点心。35种菜肴是光明虾炙（用鲜活虾油煎或烤制）、通花软牛肠（用羊油烹制的牛肉肠）、同心生结脯（打成结的干肉脯）、冷蟾儿羹（用蛤蜊肉制成的羹）、金银夹花平截（蟹肉包入卷筒）、白龙臛（将鳜鱼肉制成少汁的羹）、金粟平（烹鱼子）、凤凰胎（杂治鱼白，类似现今烩鱼肚）、羊皮花丝（切尺长，炒成羊皮花丝）、逡巡酱（羊鱼合成之酱）、乳酿鱼（奶汤烩鱼）、丁子香淋脍（五香鱼脍）、葱醋鸡（用葱醋等调料入鸡腹后上笼蒸）、吴兴连带鲊（浙江吴兴腌制的咸鱼）、西江料（蒸猪肩屑）、红羊枝杖（烹羊蹄）、昇平炙（烤羊舌鹿舌拌成）、八仙盘（出骨鹅8副）、雪婴儿（白烧田鸡）、仙人脔（奶汁炖鸡）、小天酥（鹿鸡参半煮）、分装蒸腊熊（腌熊掌蒸食）、卯羹（兔肉羹）、青凉臛碎（狸肉夹脂油）、箸头春（活炙鹌鹑）、暖寒花酿驴蒸（烂蒸驴肉）、水炼犊（清炖小牛肉）、五牲盘（用猪、牛、羊、鹿、熊生肉片拼碟）、格食（羊肉、羊肠和豆荚煎制）、过门香（各种薄肉片相配入沸油锅炸熟）、缠花云梦肉（取猪肘缠成卷状，酱制冷食）、红罗饤（烧血）、遍地锦装鳖（鸭蛋羊油炖甲鱼)、蕃体间缕宝相肝(花色冷肝拼盘)和汤浴绣丸(余汤肉圆子)。23 种饭食点心是单笼金乳酥(用独隔通笼蒸制酥饼)、曼陀样夹饼(炉烤饼)、巨胜奴(用黑芝麻蜜制成馓子)、贵妃红(色红酥饼)、波罗门轻高面(笼蒸面)、御黄王母饭(类似脂油黄米盖浇饭)、七返膏(捏成七层圆花的蒸糕)、金铃炙(类似金铃印模之烘饼)、生进二十四气馄饨(做成 24 种不同馅子、不同花形的馄饨)、生进鸭花汤饼(鸭块汤面)、见风消(油炸酥饼)、唐安餤(数料合成的花饼)、火焰盏口(火焰盏形花色蒸糕)、双拌方破饼(用两种料合拌制成的双色饼)、玉露圆(雕花酥饼)、水晶龙凤糕(枣馅、脂油蒸制的米糕)、汉宫棋(印花棋子面片)、长生粥(进料)、天花(用多种调料做的夹心面点)、赐绯含香粽子(蜜淋粽子)、甜雪(蜜汁甜饼)、八方寒食饼(木模制成)和素蒸音声部(用面蒸成的人形点心)。

元代官府宴

元时官府宴会,不仅在官府办,还常常在野外办。

官府筵席菜单一例:

十六碟干果:榛子、松子、干葡萄、栗子、龙眼、核桃、荔枝等;十六碟鲜果:柑子、石榴、香水梨、樱桃、杏子等。像生缠糖或狮仙糖。第一轮菜:烧鹅、白煠鸡、川炒猪肉、攒鸡子弹(蛋)、爊烂膀蹄、蒸鲜鱼、焖牛肉、炮炒猪肚(上酒两巡);第二轮菜:羊蒸卷、金银豆腐汤、鲜笋灯笼汤、三鲜汤、五软三下锅、鸡脆芙蓉汤、粉汤馒头（饮上马杯，散席）。

元代北方少数民族王公的高级筵席八珍席一例：

醍醐（精制奶酪）、麆沆（小獐脖颈）、野驼蹄（可能是道汤菜）、鹿唇（可能用烧扒方法制成）、驼乳糜（驼奶肉米粥）、天鹅炙（烤天鹅）、紫玉浆（可能是羊奶）、玄玉浆（马奶子）。

大型烤肉席 《居家必用事类全集》记载烤肉席：羊膊（煮熟、烧）、羊肋（生烧）、獐鹿膊（煮半熟、烧）、黄羊肉（煮熟、烧）、野鸡（脚儿、生烧）、鹌鹑（去肚、生烧）、水扎、兔（生烧）、苦肠、蹄子、火燎肝、腰子、膂肉（以上生烧）、羊耳、舌、黄鼠、沙鼠、搭刺不花、胆、灌脾（并生烧）、羊肪（半熟、烧）、野鸭、川雁（熟烧）、督打皮（生烧）、全身羊（炉烧）。上件除炉烧羊外，皆用签子插于炭火上，蘸油、盐、酱、细料物，酒醋调薄糊，不住手勤翻，烧至熟，剥去面皮供。

蒙古族整羊宴 根据《蒙古族的“整羊席”》记载整理：（1）酒菜、冷盘。（2）酱油、醋、大蒜、韭菜、韭菜花等作料。（3）蒙古刀、叉子。（4）用长方形端盘抬上整羊，羊头朝向客人。厨师用银柄蒙古刀按一定顺序分割羊肉，并献祝辞。主宾取羊尾颂赞词，再蘸羊头表示祭祖。然后厨师分切肉块，请客人进食。随上炒米、蒙古包子、羊肉汤、蒙古面条。

筵席茶饭 据《大茶饭仪》记载整理：（1）台面饰物：小果盆、大香炉、花瓶等。（2）祗应乐人分列左右。（3）众官毕集、入座。（4）主人把盏数十回后，献食。

初巡：粉羹各份，把盏；次巡：鱼羹或鸡、鹅、羊羹，把盏；

三巡：灌浆馒头，或烧卖；上酸羹，或群仙炙，把盏；末巡：上牛、马，或羊、猪、鸡、鹅，把盏。最后上粥品。

清代官府宴

《清稗类钞》载，官府宴会在“嘉道以前，风气犹简静，徵逐之繁，始自光绪初叶”。官场设馔酬酢，日甚一日。有个翰林感到难以应付，就写了一个谢辞宴会的启事，《清稗类钞》以“京师宴会之八不堪”载入书内。其内容略云：“供职以来，浮沉人海，历十余年，积八不堪。”接着历数官场讲究排场、大摆酒席、恣意饮啖的时弊。“现处忧患时代，祸在眉睫，宴会近于乐祸，宜谢者一。”“今日财政窘困，民穷无告。近岁百物昂贵，初来京师，四金之馔，已足供客，今则倍之，尚嫌菲薄。小臣一年之俸，何足供寻常数餐之客，久必伤廉，宜谢者二。”京中衙署，有增无减，官员益多，“宴会之事，弥积弥繁，若欲处处周到”实难实现，“且京中恶习”，午间请客，至暮不齐，“主人竟日衣冠，远客奔驰十里，炎夏严冬，尤以为苦，宜谢者三。”“近来酒食之局，大都循例应酬，求其益处，难获一二，宜谢者四。”宴会到了不堪重负之时，确实成了时弊。为了适应官府众多的宴会需要，社会上办起专门接待高级宴会的大饭庄，均以“堂”字号命名。

民国初期官府宴

1912年，蒙古科尔沁亲王贡桑诺尔布原配福晋爱新觉罗氏，系清肃亲王善耆之妹，做四十大寿，在什刹海会贤堂饭庄设宴、唱戏，招待亲友。演唱者有梅兰芳、杨小楼、余叔岩、姜妙香、萧长华、金秀山、裘桂仙、程继先等等。排场之大，布置之周，为当时罕见。参加者为满、蒙、汉王公贝勒、贝子大臣云集及民国达官显贵。席面是燕翅席带烧烤。贡王福晋命长史传膳。四用人抬上金漆方桌面一具，上面摆着全席：燕窝、鱼翅、银耳、海参等菜。椅旁设有两墩，上面各列烧豚、烧鸭一具，开始请大公主用膳。大公主独坐方桌，两孙侍立。贡王福晋及特请清室近支王公福晋，夫人四位协助侍候，敬酒、布菜。大公主仅稍饮一口寿酒，贡王福晋奉陪。大公主微尝主菜，用调羹饮了口鸭汤。红封已上，当即搀扶净手，仍坐原位，稍食槟榔、豆蔻。

1926年，奉系军阀张宗昌在南口喜峰口一带，跟冯玉祥的西北军打了一次直奉大战，结果大获全胜。张宗昌在南口战场犒赏三军，派军需到北京找饭馆要订1000桌至1500桌酒席，多家饭馆都不敢接。后由忠信堂把这大买卖接下。在战场上大摆酒筵，不用桌椅，席地而坐，因盛菜用的杯盘碗盏数量太多，把城里城外，所有跑大棚口子上的家伙，全都包下来。把北京城干果铺糖炒栗子的大铁锅及大平铲，都运到南口前线当炒菜锅用。一开席，煎、炒、烹、炸、熘、汆、烩、炖样样俱全。苦战几个月的官兵们，整天啃窝头喝凉水，整月不动荤腥，现在山珍海味，罗列面前，个个狼吞虎咽，如风卷残云，霎时碗底朝天，酒足饭饱，欢声雷动。

民间宴

民间宴会种类很多，市区大多在节假日举办，郊区县则是在农闲时举办。民间宴会还有猜拳、行令、抽牙牌和击鼓传花等项为之助兴。民间宴会除社交外，有婚嫁之宴、寿庆之宴、待客之宴等。民间宴会的随意性较大，不拘规格。北京城内的重要民间宴会，多数在名店举办，名店设有宴席菜谱，供主办者选用。

人民大会堂接待饮食文化专家盛宴 1991年7月，首届中国饮食文化国际研讨会在北京举行。人民大会堂在宴席大厅摆宴80余桌接待，展示操办大型专宴的深厚功力。席谱为：冷盘；翡翠玉米汤、鲍脯三鲜、珍珠虾排、酱爆烤鸭（带薄饼、面酱、大葱）、冬菜豆腐脑、豆瓣牛腩、油淋草鱼；点心二色；水果二道；杏仁豆腐、香草冰激凌。

北京饭店迎宾酒会 1991年7月，首届中国饮食文化国际研讨会在北京召开。为接待600余名与会代表（其中海外贵宾约占一半），北京饭店在7月20日举行大型迎宾酒宴，推出中西结合的冷餐席谱：冷菜（近10种）；火锅四宝、干炒两样、炸烹牛柳、什锦炒饭、奶油蛋糕（8种花色）、面包、黄油；美点（4样，均为仿膳御点)；各色冰激凌(6种)；水果(4色)。

御膳迎宾席 1991年7月，北京市御膳饭店接待首届中国饮食文化国际研讨会专家代表的酒宴，排菜42品，在一、二楼分设茶果席与酒菜席两个台面，共开20余桌。茶果席(13品)：到奉香茶茗、干果四品、冷点四品、蜜饯四品，致欢迎词。酒菜席(29品)：宫廷佳酿(二色任选)、颐和艺拼、随上六围碟。膳汤一品：罐焖牛鞭。御宴大菜：红烧鹿肉、吉利虾球、白烧鲨鱼皮、荷叶蒸鸡、香烹狍脊、冬菜扣蹄膀、菊花活鱼、御膳双烤、山珍刺龙芽。热点六品：小窝头、茸鸡、太极萨其马、寿桃、金鱼饺、金丝雀。应时水果、告别香茗。

北京接待世界名厨专宴 1992年8月25日至29日，由25个国家的总统厨师、国王厨师、国宴厨师长作会员的“世界名厨协会”第15次年会在北京召开。北京人民大会堂、中国大饭店、来今雨轩饭庄、四川饭店、全聚德烤鸭店等驰名宾馆饭店，纷纷挑选最好的厨师，制作最精美的饭菜，摆出最有特色的席面，与来自五大洲的同行们切磋技艺。与此同时，瑞典国王的厨师长，瑞士联邦主席厨师，美国总统厨师长，德国总统厨师长，印度总理厨师长，匈牙利总统厨师长，奥地利总统厨师长，以及人民大会堂的名厨，在人民大会堂登台献艺，表演绝活，传为佳话。兹选宴会中的6个专宴席谱。

人民大会堂欢迎宴会 冷盘、酸辣乌鱼蛋汤、鱼翅海鲜、麻香鱼卷、富贵蟹钳、植物四宝、人参炖乌鸡、点心、水果、山楂露、君度加冰。

中国大饭店雀巢晚宴　西餐冷盘（鲑鱼片、冰激凌、哈尔滨鱼子酱、凉拌菜等）、海鲜浓汤（鸡汤加龙虾、鱼翅、土豆、番茄酱、素食面等调制）、乳鸽米饭（乳鸽和米饭、洋葱、鸡肉、鸡汤等调制）、扒牛排利（牛排加油炸的蔬菜篮）、巧克力杯幻想曲（甜点）、雀巢咖啡、牛奶冰激凌。

来今雨轩饭庄红楼晚宴　冷菜：什锦攒盒——金钗护宝玉（腌胭脂鹅脯、糟鸭信、叉烤肉、芥末鸭掌、五香鱼、佛手海蜇、炝瓜皮、萝卜卷、花菇焖笋）。小碟：什锦蜜饯果脯。热菜：雪底芹芽、茄鲞、鸡髓笋、扒驼掌、老蚌怀珠、三鲜鹿筋、笼蒸螃蟹、乌龙戏珠、鸡丝蒿子秆儿。点心：蟹肉雪饺子、小粽子、枣泥山药糕、豆腐皮儿包子。汤：鸡皮虾丸汤。主食：胭脂稻米饭、紫米粥。茶：矿泉龙井。酒：梦酒、桂花陈酒。饮料：酸梅汤（信远斋产）。水果：什锦水果。

四川饭店牛头席　冷盘：蒜泥白肉、怪味鸡丝、夫妻肺片、虾须牛肉、四川泡菜、炮黄瓜条、陈皮肉片、姜汁玉笋、麻辣兔丁。热菜：双味烧牛头、樟茶麻酥鸭、清汤白菜、鱼香大虾、宫保鸡丁、锅巴扇片、麻婆豆腐、原汤素烩。小吃：红油水饺、四川汤圆、四川凉面、珍珠圆子。水果盘。

全聚德烤鸭店全鸭席　冷菜：茅台鸭卷、芥末鸭掌、水晶鸭舌、酱鸭膀、鸭什件、麻辣鸭膀丝、五丝黄瓜卷。热菜：烩鸭四宝、炸鸭肫肝、糟熘鸭三白、火燎鸭心、青椒鸭肠、麻酱鸭脯、香菇鸭翼菜心。北京烤鸭、茉莉鸭舌汤、小米粥、点心、拔丝苹果。水果。

人民大会堂送别晚宴　西餐冷盘、蔬菜汤、酥皮牛柳、烤虹鳟鱼、点心、冰激凌、牛奶咖啡、君度加冰。

大三元八大名菜席

北京市大三元酒家八大名菜席　金牌全体乳猪（又名鸿运当头），傲视群龙（以南海大龙虾调制），蟠龙蒸油（加豆豉汁增味），独占鳌头（水鱼、鹑蛋、带子、鲍鱼制），清蒸鸳鸯蟹（大海蟹制），碧绿麒麟鱼（活生鱼制），金龙吐玉珠（虾仁与青豆制），五彩酿猪肚（配加五种辅料）。随上岭南咸甜美点四道和时果二道。

知味观杭菜席

例一：双鱼戏水、六味花碟、维也响铃、雷塔凤丝、西湖醋鱼、碧绿大虾、叫花童鸡、池塘蛙趣、清汤牛鞭、烂糊鳝丝、麻猴献桃、花港观鱼、杭点二道、水果造型。

例二：六和观潮、四季发财、荷花响铃、百鸟归巢、宋嫂鱼羹、龙井虾仁、知味童鸡、太极河鲜、梅林里脊、武林脆鳝、墨笔菜心、西湖莼菜、杭点二道、西瓜冰盅。

豆花饭庄豆品席

该店为小型的豆品席谱：九色豆品攒盒、过江豆花、豆腐鱼、麻婆豆腐、金钱豆腐、一品豆腐、菱角豆腐、八宝豆腐、火锅豆腐、炸豆腐圆子、冰汁平花。

民族饭店四季高档宴单

春宴(28道) 五冷荤:花篮大拼盘、白汁鲍鱼、炝姜芽钳子米、生菜蟹腿、陈皮牛肉。四小菜:番茄菜卷、桃仁鸡丁、北京泡菜、拌海蜇丝。十热菜:明月银耳汤、铁锤扒鱼翅、高丽银鱼、乌龙吐珠、苦牙凤丝、油爆鲜贝、香糟脱骨鸭、卷凤尾虾、香椿鱼盒、鸡油猴头蘑菜薹。六点心:鸭子酥、炸酥卷、泡沫油糕、棉花蒸饺、枣泥方脯、煎虾酥盒。两小炒:炒八宝丁、海米盖菜心。一甜品:桂花山药托。

夏宴(29道) 一到奉:烩割嗉。九冷荤:金鱼戏水花盘、花篮卷尖、百花鸡冻、蓑衣叉烧肉、葵花鸭子、螃蟹油焖虾、御带炝芹菜、扇面油焖笋、五彩南荠球。四小菜:御酱八宝丁、珊瑚白菜、炸腰果仁、琥珀桃仁。八热菜:百鸟拌冷燕、清汤鱼翅、合盒鲜鲍、三吃大虾、水晶鸭子、荷花鱼柳、鸡裹鲜桃仁、炒河鲜。六点心:一品烧饼、冬菜肉卷、枣泥白玉兔、炸春卷、荷花酥、五色蒸饺。一甜品:什锦西瓜盅。

秋宴(31道) 一茶食:高汤卧果。九冷荤:雄鸡大拼盘、灯笼虾、仙鹤白鸡、扇面青瓜、花枝扁豆、蝴蝶卷尖、葫芦牛肉、麦穗松花、丰收辣白菜。四小菜:拌双丝、北京泡菜、琥珀桃仁、五香花生米。八热菜:清汤鱼翅、炸月光饼、雪影鲍鱼、云腿扒熊掌、花棍山鸡、翠兰鸭球、卷龙顶凤、鲜蘑全素。二小炒：炒烧鸭丝掐菜、炒雪笋。六点心：水果酥塔、萝卜丝饼、炸羊尾、炸三角、莲子糕、三鲜烧卖。一甜品：蜜汁三果。

冬宴（21道） 一茶点：素卤粉。一彩拼：葫芦大拼盘。四热炒：钳子米芹菜心、口蘑焖炸豆腐、油爆鱼肝丁、糖炒清酱肉。八热菜：炖大白翅、燕雀卧窠、炸棒棒虾、雪地鸡棒、彩霞鸭条、浪花鳜鱼、玉树花园、生片火锅。六点心：萨其马、清油饼、虎蹄酥、鸳鸯蒸饺、麒麟酥、山东包子。一甜品：百子汤圆。

民族饭店全鹿大宴

北京市民族饭店的21道菜式组成的全鹿大席，在组配、烹调、布局等方面都保持了满族传统食品的情韵。五冷荤：煨鹿肉、煨煮鹿肝、酱焖鹿心、肉蔻鹿腰、甘草鹿脑。十三热菜：肉桂焖全鹿、凤吞鹿膝、鹿踏姜黄鹿脚、翠树鹿筋、套锅鹿方、炒碧桃鹿脊、煨烤鹿子盖、鹿脊菜薹、翠扁鹿肉、白果鹿丁、烧紫桂鹿头、炮炒鹿舌。二点心：鹿肉包子、香花鹿尾汤。一甜品：蜜汁鹿腱子。

来今雨轩红楼雅宴

全席使用特制“金陵十二钗”翡翠瓷具，侍应人员着古装，中国古典音乐伴奏。冷菜什锦攒盒：金钗护宝玉（用腌胭脂鹅脯、糟鸭信、叉烧肉、芥末鸭掌、五香鱼、佛手海蜇、炝瓜皮、萝卜卷、花菇焖笋拼制）。热菜：雪里芹芽、茄鲞、鸡髓笋、扒驼掌、老蚌怀珠、三鲜鹿筋、怡红祝寿、乌龙戏珠、鸡丝蒿子秆儿。点心：蟹肉雪饺儿、小粽子、枣泥山药糕、豆腐皮儿包子。汤羹：鸡皮虾丸汤（或酸笋鸡皮汤）。主食:胭脂稻米饭、紫米粥。饮料:茶（龙井茶）、酒（清宫御酒或梦酒）、矿泉水、酸梅汤（百年老店信远斋产）。水果：西瓜、水蜜桃。

大观园红楼三宴

盛宴 以元妃省亲作主线，参考贾府重大节日庆乐活动而设计，显示“宫廷典礼、帝王威仪、豪餐美侍、天下一席”的丰采。开宴时间多在夜晚，满园火树银花、宫灯闪烁。旗装执事列队迎宾，客人乘辇登舆、起轿入园，在龙凤旗、雉羽宫扇、香炉伞盖等簇拥下,游览山光水色和花木楼阁,直至“顾恩思义”正殿入席。接着仕女奉茶三献（净手、漱口、饮用），安置食具、敬酒进羹。酒过三巡，击鼓传花；菜过五味，伶人献艺（演奏有关《红楼梦》的歌舞乐曲）。宴毕赠送礼品，全副仪仗恭送至园外。

大宴 以小说中的社交活动作背景综合设计，有“游艺助兴、歌乐佐餐、陶然如梦、飘忽欲仙”情趣。分两种：大宴用红木大圆桌和高背太师椅，围坐共食；小宴用黑漆方几和锦垫矮凳，散坐分食。筵间服务均与盛宴相同，每上菜一道服务小姐便讲述一个相关的红楼故事，客人还可猜拳、行令、抱红、流觞，以至吟诗作对，作画挥毫。

家宴 按照小说中亲友聚会的小型宴乐来设计，有“古风峦峦、亲情融融、神游故里、其乐无穷”韵味。可选在大观园中的某一处（如怡红院、潇湘馆、秋爽斋、稻香村），侍应人员可相机扮演晴雯、紫鹃，游艺项目亦与各景点结合，菜式小巧精致。还可将宴桌随时移至花前月下，与秉烛游园相结合，使客人尽兴，不醉不归。

上述三宴，肴馔大同小异。茶有龙井茶、普洱茶、老君眉、铁观音；酒有大观园酒、梦酒、稻香村糯米酒、通灵液、宝玉酒、金陵十二钗酒；面点有鹅油卷、奶油松瓤、小面果、蜜青果、豆沙粽子、虾肉烧卖；菜有茄鲞、烤鹿肉、老蚌怀珠、怡红瑞雪、银耳鸽蛋、腌胭脂鹅脯、火腿炖肘子、酒酿蒸鸭子、鸡丝炒芦笋、油炸骨头、油炸鹌鹑、面筋豆腐、火腿炖芽菜、疗妒汤、酸笋鸡皮汤等。大套菜中有小套菜，每品均以小说中的描述和提示为本，或取其实，或取其意，或取其风韵，可满足刻意寻“梦”者的心理愿望。

北京精品素筵

北京市素菜餐厅供应的素席席谱举二，均是8菜1汤。

席一：白扒鱼翅、软炸腰花、芙蓉鸡片、两做大虾、糖醋排骨、桂花干贝、干烧黄鱼、八宝整鸭、鱼丸汤。

席二：罗汉斋、红烧麻花笋、雪包银鱼、鸳鸯两合、桂花干贝、炒鳝鱼丝、扒白蘑、红扒整鸡、西湖莼菜汤。

仿膳饭庄满汉全席

第一度宴席 到奉点心：仿膳饽饽。四干果：核桃粘、怪味杏仁、奶白葡萄、炸龙虾片。四蜜饯：蜜饯白梨、蜜饯银杏、蜜饯桂圆、蜜饯苹果。四冷点:栗子糕、御扇黄豆、金糕、芝麻卷切。冷菜：凤凰展翅、燕窝四字菜、麻辣牛肉、炝玉龙片、油焖鲜蘑、咖喱菜花。热菜一类:龙井竹笋、凤尾群翅、桂花干贝、三鲜瑶柱、金钱吐丝、芙蓉大虾、凤凰趴窝、金鱼鸭掌、鸭丝掐菜、桃仁鸡丁、炸鸡葫芦。热点两道:金丝烧卖、酥卷佛手。热菜二类:糖醋鱼卷、抓炒鱼片、网油鱼卷、龙凤柔情、琉璃珠玑、白扒四宝、鸡沾口蘑、香桃鸽蛋、虎皮兔肉、宫保兔肉。热点两道:熊猫品竹、肉末烧饼。膳粥一道：莲子膳粥。四酱菜：辣萝卜头、酱柿子椒、八宝酱菜、什锦酱菜。水果：根据季节选用。

第二度宴席 到奉点心:核桃酪。四干果:花生粘、苹果软糖、可可核桃、奶白枣宝。四蜜饯：蜜饯金枣、蜜饯樱桃、蜜饯海棠、蜜饯瓜条。四冷点：金糕卷、双色豆糕、豆沙卷、翠玉豆糕。冷菜：二龙戏珠、熊猫蟹肉、檀扇鸭掌、兰花豆干、炝黄瓜衣。热菜一类:太极发财燕、清炸鹌鹑、滑熘鹌鹑、玉掌献寿、炒黄瓜酱、炒榛子酱、凤穿金衣、雪月羊肉、侉炖羊肉、烧烤羊腿、菊花里脊。热点两道一类：如意卷、春卷。热菜二类：鲤跃龙门、萝卜鲤鱼、龙衔海棠、秋菊傲霜、绣球全鱼、雨后春笋、琥珀鸽蛋、如意竹笋、发菜黄花、云河段霄。热点两道二类：四喜饺、龙井金鱼。膳粥一道:八宝膳粥。四酱菜:甜酸乳瓜、佛手疙瘩、泡子姜、宝塔菜。

水果：根据季节选用。

第三度宴席 到奉点心：冰花雪莲。四干果：糖炒杏仁、双色软糖、蜂蜜花生、香酥核桃。四蜜饯：蜜饯桂圆、蜜饯鲜桃、蜜饯马蹄、蜜饯橘子。四冷点：枣泥糕、莲子糕、小豆糕、豌豆黄。冷菜：松鹤延年、葵花麻鱼、仙鹤鲍鱼、五丝菜卷、姜汁扁豆。热菜一类：凤凰鱼肚、日月生辉、宫廷排翅、海红鱼翅、芙蓉鱼骨、红烧鱼唇、母子相会、明珠豆腐、百子冬瓜、翠柳凤丝、白梨凤脯。热点两道一类：玉兔白菜、荷花酥。热菜二类：参婆千子、金钱鱼肚、佛手广肚、黄袍加身、荷花蟹肉、燕影金蔬、佛手金卷、白银如意、香露苹果、翡翠玉扇。热点两道二类：千层糕、金鱼角。膳粥一道：薏米膳粥。四酱菜：酱萝卜头、甜酱黑菜、甜酱藕、酱花生米。水果：根据季节而选用。

第四度宴席 到奉点心：杏仁豆腐。四干果：糖炒花生、菠萝软糖、樱桃软糖、枣泥杏干。四蜜饯：蜜饯菠萝、蜜饯红果、蜜饯葡萄、蜜饯青梅。四冷点：三色糕、双色马蹄糕、二龙戏珠（含两种冷点）。冷菜：喜鹊登枝、麦穗虾卷、怪味鸡片、糖醋荷藕、鹦鹉莴笋。热菜一类：蝴蝶海参、长春羹、口蘑鹿肉、红烧鹿筋、芫爆山鸡、干煸牛肉丝、罗汉大虾、琵琶大虾、燕尾桃花、油攒大虾、抓炒大虾。热点两道一类：百寿桃、鸳鸯酥盒。热菜二类：金屋藏娇、随滑飞龙、金银鸽肉、芫爆鲜贝、芙蓉鹿尾、御龙火锅、三鲜鸭舌、翡翠银耳、鸡油冬菇、芝麻锅炸。热点两道二类：茸鸡待哺、莲花卷。膳粥一道：黑米膳粥。四酱菜：酱腐乳、酱豇豆、酱桃仁、辣菜丝。水果：根据季节选用。

第五度宴席 到奉点心：鸡丝汤面。四干果：五香杏仁、芝麻南糖、枣泥软糖、冰糖核桃。四蜜饯：蜜饯龙眼、蜜饯槟子、蜜饯鸭梨、蜜饯哈密杏。四冷点：豆沙糕、奶油菠萝冻、豆沙凉糕、芸豆金鱼。冷菜：金鸡独立、蝴蝶大虾、拌鱼肚、桂花海蜇、花篮白菜。热菜一类：万年长青、一品官燕、鲍王闹府、凤戏牡丹、红烧鱼骨、金蟾拜月、百鸟还巢、凤凰出世、龙凤双锤、云片鸽蛋、鸳鸯哺乳。热点两道一类:绣球蛋糕、黄金角。热菜二类:玉板翠带、卧龙戏珠、如意乌龙、凤脯珍珠、金狮绣球、珍珠雪耳、凤眼秋波、清菜炒鳝丝、干烧冬笋、烧瓤菜花。热点两道二类:荷塘莲香、酥页层层。膳粥一道:红豆膳粥。四酱菜:香菜心、甜八宝、酱香菜、酱黄瓜。水果：根据季节而选用。

第六度宴席 到奉点心：藕丝羹。四干果：五香花生、柿霜软糖、花生软糖、奶白杏仁。四蜜饯：蜜饯菱角、蜜饯荔枝、蜜饯苹果、蜜饯京梨。四冷点:芙蓉糕、玉盏龙眼、橘子盏、芸豆卷。冷菜：龙凤呈祥、叉烧猪肉、芥末鸭膀、五丝洋粉、拌银耳。热菜一类：梅竹山石、沙舟踏翠、宫保鹌鹑、清蒸鹌鹑、三丝驼峰、雪里藏珍、火炼金身、炒豆酱、胡萝卜酱、香爆螺盏、抓炒里脊。热点两道:棠花吐蕊、晶玉海棠。热菜二类:怀胎鳜鱼、鸳鸯鱼枣、芙蓉鱼角、桂花鱼条、翡翠鱼丁、松树猴头、金钱香菇、金镶玉板、象眼鸽蛋、蜜汁山药。热点两道二类:群虾戏荷、蛋挞。膳粥一道:棒豉膳粥。四酱菜：酱丝瓜、小酱萝卜、酱杏仁、大头菜。水果：根据季节选用。

听鹂馆饭庄满汉全席

第一度万寿无疆席　到奉香茶一品。四干果：炸杏仁、瓜子、核桃仁、怪味花生。四鲜果：葡萄、金橘、荔枝、李子。四蜜饯：桃脯、蜜枣、藕脯、蜜红果。四饽饽：苹果、寿桃、石榴、佛手。冷荤：二龙戏珠、麻辣牛肉、泡菜、炝虾片、金针菇、蛋卷、金钩芹菜。热菜：万字燕菜一品、寿字人参鸭方、无极散花鱼、疆波闹海虾、雀巢鱼骨、鲍鱼龙须菜、梅花银耳、茉莉酿竹笋汤、雪花桃泥。金鱼戏莲一品。宫廷点心四品：四喜饺、菊花包、佛手酥、如意卷。宫廷小吃：豌豆黄、芸豆卷、小窝头。时令果盘。告别香茶。

第二度福禄寿禧席　到奉香茶一品。四干果：五香腰果、南瓜子、核桃仁、怪味花生。四鲜果：香蕉、金橘、荔枝、桃子。四蜜饯：桃脯、蜜枣、桂圆、蜜柿。四饽饽：喜字饼、寿桃、石榴、佛手。冷荤：丹凤朝阳、酸辣瓜条、大蒜海蜇、麻辣鸡丝、人参王瓜、五香鱼、甜叉烧。热菜：清汤芦笋、佛手围鱼翅、乌龙吐珠、白扒广肚、油爆鲜贝、扒炒鱿鱼卷、宫门献鱼、锅贴鱼丝、金缕生鳝、糖醋鱼卷、烧鱼脯、红娘自配、京糕虾卷、金钱虾饼、枸杞虾片、翡翠虾仁、长青猴头蘑、菊花生片鱼锅、拔丝香蕉。五福寿桃一品。宫廷点心四品：绿苗玉兔、麻蓉千层饼、萨其马、枣花酥。宫廷小吃：豌豆黄、芸豆卷、小窝头。时令果盘。告别香茶。

第三度延年益寿席　到奉香茶一品。四干果：松子、南瓜子、珊瑚核桃、栗子。四鲜果:香蕉、橘子、荔枝、桃子。四蜜饯:桃脯、蜜枣、龙眼、蜜柿。四饽饽:喜字饼、寿桃、如意卷、佛手。冷荤:松鹤延年、蜜汁党参、首乌冬菇、南荠海蜇、陈皮牛肉、内金肚丝、芙蓉瓜皮。热菜:迷你佛跳墙、参茸丹汤、当归甲鱼、酒醉全蝎、丁香烤鹿腿、太子飞龙丁、罐焖狍丸、珍珠羊肚菌、凤片炖菜汤、冰糖哈士蟆。珍珠御饺一品。宫廷点心四品:赤豆佛手、鸳鸯酥盒、柏子烧饼、枣丝糕。宫廷小吃:豌豆黄、芸豆卷、小窝头。时令果盘。告别香茶。

第四度吉庆有余席 到奉香茶一品。四干果:松子、南瓜子、珊瑚核桃、栗子。四鲜果:香蕉、橘子、荔枝、桃子。四蜜饯:桃脯、蜜枣、龙眼、蜜柿。四饽饽:喜字饼、寿桃、如意卷、佛手。冷荤:金鱼戏莲、五香酱填鸭、姜汁菠菜、蝴蝶鱼、炝鲜蘑、炸佛手、辣白菜。热菜:龙井发财汤、寿桃麒麟面、蚝油山鸡片、桃仁凤卷、葵花子鸽、寿星香桃、荷包三鲜、干贝芝麻条、琥珀全蝎、孜然寿肉、金水渡舟、香糟鱼卷、芫荽鱼丝、麻辣鳝片、蝴蝶鱼、罗汉双珍、菊花水中二宝。象眼饺一品。宫廷点心四品:芙蓉包、水晶包、酥盒子、千层糕。宫廷小吃:豌豆黄、芸豆卷、小窝头。时令果盘。告别香茶。

第五度江山万代席 到奉香茶一品。四干果:榛子、西瓜子、琥珀核桃、杏仁。四鲜果:香蕉、橘子、葡萄、哈密瓜。四蜜饯:桃脯、瓜条、蜜杏、蜜柿。四饽饽:喜字饼、豆沙苹果、如意卷、佛手。冷荤:龙凤呈祥、三鲜肉卷、珍珠笋、油焖香菇、干贝酥、盐水鸭肝、糖醋国藕。热菜:凤还巢、御手撑天、宫廷烤鸭、银汁鸭丝、清炸鸭胗、鸡油鸭掌、鲜蘑鸭舌、银龙戏水、松子鱼米、茄汁鱼条、海棠鱼果、香麻鱼筒、一品芙蓉虾、蚝油乌背、鸡茸菜花、八珍暖锅、菠萝莲子羹。鸳鸯戏水一品。宫廷点心四品：像生寿桃、水晶千层饼、太极酥盒、银丝卷。宫廷小吃：豌豆黄、芸豆卷、小窝头。时令果盘。告别香茶。

第六度普天同庆席 到奉香茶一品。四干果：榛子、西瓜子、琥珀核桃、杏仁。四鲜果：香蕉、橘子、葡萄、哈密瓜。四蜜饯：桃脯、瓜条、蜜杏、蜜柿。四饽饽：喜字饼、苹果、如意卷、佛手。冷荤：孔雀开屏、虾子冬笋、珊瑚白菜、盐水大虾、鲜笋鱼片、五香牛肉、油炝鲜椒。热菜：山鸡炖菜汤、金凤鱼翅、函蒙仔鸽、宋氏活鱼、姜葱龙虾、罐焖鹿肉、黄葵伴雪梅、鸡油煨茭白、核桃酪、鲍鱼芦笋汤。水晶大虾一品。宫廷点心四品：三鲜烧卖、油丝饼、兰花酥、蜜汁排叉。宫廷小吃:豌豆黄、芸豆卷、小窝头。时令果盘。告别香茶。

御膳饭店满汉全席

御膳饭店继承清宫御膳的传统风格特点，并在大量搜集宫廷食方和集各家所长的基础上，推出满汉全席，分为六宴，均以清宫著名大宴命名。全席计有冷荤热肴一百九十六品，点心茶点一百二十四品，计肴馔三百二十品。使用全套粉彩万寿餐具，配以银器，席间专请名师奏古乐伴宴。

第一度蒙古亲藩宴，第二度廷臣宴，第三度万寿宴，第四度千叟宴，第五度九白宴，第六度节令宴。以上各度宴中的季节菜按时令调整。

北京大三元酒家满汉全席

主要菜点　冷菜:烧桂花肠、汾酒牛肉、花雕熏鱼、烧金钱鸡、凉拌海蜇、酥姜皮蛋、烧鸭脚包、烧凤眼润。烧烤:红运当头（乳猪）、金陵片皮大鸭、吉祥如意（如意鸡）、哈尔巴腿（猪）。热菜:龙虎凤大会（蛇、豹狸、鸡、鱼肚）、孔雀开屏鸡、翡翠麒麟鱼（鲈鱼）、银龙玉柱（瑶柱、明虾）、绿柳瑞丝（山瑞）、红桃酥盒（虾胶）、月中丹桂（鳜鱼）、果汁猴脯（猴肉）、香煎猴脑（猴脑）、蟹黄鲜菇、金凤展翅（鲍翅、老鸡）、五彩北鹿丝（梅花鹿）、瑞气呈祥（山瑞）、一品官燕（燕窝）、桂花鱼翅、乌龙吐珠（乌参、鸽蛋）、蟹肚扒鲍脯（蟹肚、鲍鱼）、花菇贡鸟（飞龙）、翡翠鳜鱼卷、碧绿龙珠（虾胶）、雄鹰展翅（火鸭、鸡）、牡丹西施鸡、杏元海狗（海狗、桂圆、杏仁）、红烧豹狸（豹狸）、蚧黄雪耳（蚧、雪耳）、白灼螺盏（大海螺）、蚝油鲍片、京扒驼峰、玉液琼浆（鹧鸪、燕窝）、金腿龙团（虾）、红炉烘雪衣（响螺）。素菜：鼎湖上素（蘑菇、草菇、北菇、雪耳、榆耳、共耳、桂花耳、竹荪、白菌、鲜莲、春笋、银芽）、青笋尖、清汤雪耳、白玉双鲜（豆腐、莲子、鲜菇）、金猴贡蘑（猴头菇）。点心:干烧伊府面、绿茵白兔饺、白雪映红梅、娥姐脆粉果、喜鹊还巢、椰黄水晶鹅、花开富贵酥、进贡花篮盏、三色奶夹饼、太极双辉、独占鳌头、千层凤角、一品绣球、七彩凤脯、如意酥盒、玉堂酥枣、凤胎椰卷、水晶梅花、万寿果皇盅、仙姬宝扇、银盆鹊盏、百子油酥、幼粒熟馅、西施粉盒、蜂窠春蛋、碧海珊瑚、荇藻软滋、王母蟠桃、香麻马蹄块、鸳鸯马蹄糕、凤凰莲蓉批、银耳春蛋露、太牢百花脯、群鱼恋荷池、玉兰花脯、双龙盘宝珠、岭南香荔果、椰酱蛋泡盏、脱衣换锦袍、雪花鸳鸯块、什锦西瓜冻。共计冷菜 8 道、烧烤 4 道、热菜 31 道、素菜 5 道、点心 41 道，共为 86 道。加上蜜饯、果脯、糖碗、干鲜之类，当在 100 道开外。

家 宴

北京年节家宴

北京过年过节家宴的菜肴是在鲁菜、京菜基础上，吸收外地风味而形成的，丰富多彩。

例一：干米炒芹菜、烹白肉、宫保肉丁、软炸腰花、虎皮肉、红烧鱼、雪菜肉丝汤。

例二：虾子豆腐、滑炒肉丝、焦熘圆子、熘三样、红烧肉、家常熬黄鱼、猪肝汤。

例三：烧面筋、芫爆肚条、番茄腰柳、椒盐排骨、黄焖五花肉、煎转大草鱼、口蘑锅巴汤。

例四：清蒸武昌鱼、红烩牛肉、酥炸虾仁、清炖猪蹄、银耳素烩、菜心莲蓬豆腐、京葱扒鸡、葱头煎鹌鹑。

例五：炸肫肝、木樨肉、吉利丸子、酿口袋豆腐、冬菜扣肉、茄汁鸭腿、栗子鸡、炒菜薹、甩果汤。

例六：拼盘、油爆双脆、糟熘鱼片、面包虾仁、炸猪肝卷、珍珠圆子、油焖大虾、酒蒸鸡、拔丝山药、砂锅白肉。

例七：拼四样、滑熘里脊、芙蓉鸡片、炒石鸡腿、炸肉千、扒瓤大肉、干烧鱼、软炸大虾、香酥鸭、炒三泥、砂锅鱼头汤。

例八：什锦大拼、酱爆鸡丁、炒肉丝韭黄、炸板虾、核桃腰、元宝肉、松鼠鱼、番茄虾仁锅巴、冬菜鸭、植蔬四宝、江米藕、气锅鼋鱼。

会新亲宴

老北京的婚庆酒筵，程序纷繁。其主要礼仪至少有5项：（1）新人同吃“子孙饺子”，这是满族婚俗在北京的遗存。（2）新人互饮“交杯酒”，两个酒杯要用红头绳拴在一起，表示“千里姻缘一线牵”之意。（3）新婚当晚摆“圆饭”，新人上坐，娶亲太太和送亲太太作陪，每上一道带“彩”的菜都有说头，如馒头代表“满口福”，丸子代表“圆圆满满”，四喜肉代表“喜喜欢欢”，花生米和红枣代表“早生贵子”和“儿女满堂”。（4）次日“吃喜酒”。女方的姑姨、娘舅、外祖父母全要请到，每席男方派两人作陪，以示优待。开宴之前，新郎要向女家来宾行大礼，来宾分别有所馈赠，赠带子表示“生子”，赠扇子表示“生善子孝子”，赠一吊钱表示“当朝一品”，两吊钱表示“和合二仙”，三吊钱表示“三阳开泰”，四吊钱表示“四季平安”，五吊钱表示“五子登科”，六至十吊钱都有与之相关的祝愿和说词。然后大酒大肉招待，尤其是对娘舅敬若神明，这便是全国通行的“娘舅为大坐首席”的习俗。（5）3天回门吃“回酒”，这是女家做东，宴请新婿和亲邻。席上菜点丰盛，主要是与男家斗富，为女儿争面子，岳丈也风光。婚后9日、12日、18日，娘家还要给女儿馈送食品，女儿也可走亲，这又是“单九不算走，双九才算走”的说法。凡此种种，都为了稳定和强化“父母之命、媒妁之言”缔结的婚姻关系，使儿女出嫁后受到婆家的尊重。

家用喜宴

是组合式的家用喜庆席谱，可供普通家庭选择。其菜数有多有少，工艺有精有粗，档次有高有低，较为灵活，大多数菜品，主妇均可调制。

例一（8道）：喜庆什锦、芝麻鱼排、板栗烧仔鸡、虾子扒乌参、鱼香腰花、爆炸肫肝、蜜汁莲藕、牛尾萝卜汤。

例二（11道）：四色彩拼、油浸青鱼、红烧海参、芙蓉鸡片、豆沙山药糕、炸鸡八块、糖醋排骨、肉丝茭白、鲜蘑扒菜心、肉末冬瓜方、什锦水果羹。

例三（13道）：水晶猪蹄、银芽鸡丝、五彩素丝、腌腊拼盘、珊瑚带鱼、四喜丸子、焦熘三丝枕头卷、香滑笋鸡、叉烧鸭块、玻璃樱桃肉、云子小凉卷、五香熏蛋、三丝汤。

例四（20道）：金鱼戏水、三丝发菜、锦绣猴头、干炸麻雀、芙蓉鱼排、十全大补鸡、魔芋烧鸭、麦穗腰花、鱼香兔条、冬笋田鸡腿、糖醋脆皮青鱼、黄焖圆子、麻婆豆腐、梅花火锅、午餐肉平菇汤、豆沙油饺、烫面炸饺、红苕圆子、桂花米酒、茉莉香茶。

京都办寿

旧北京的喜庆寿宴，其制大体如下：夏天搭凉棚，冬天搭暖棚，棚内挂上三国、水浒等图景的八扇屏，棚柱一律缠上红布，男者庆寿用“五桃献寿”花纹，女者庆寿用“五福（蝠）捧寿”图案。棚外挂彩球，立喜庆牌坊，棚口设火壶茶会，棚内设茶座，茶桌用“鹤鹿同春”围布，凳上铺红椅套。正厅设寿堂。男者庆寿则高悬红缎彩绣的“百寿图”或“一笔寿”，上供福禄寿三仙，两旁是插花的鹿形花筒和嘴叼灵芝的香炉；女者贺寿则高悬“五福捧寿”彩绣中堂，上供麻姑神像，两旁是嘴叼莲花与灵芝的仙鹤饰物。神几上都摆寿桃、寿面、寿酒以及鲜桃、面鲜、点心诸食品，还有金寿字、黄钱、元宝、千张、红地毯、拜垫等等。亲友登门，各携寿礼（包括寿金、寿联、贺幛、银炉、银鼎、如意、象牙、绸缎、衣料、古玩玉器、文房四宝、寿桃寿面、中外名酒、应时糕点、茶叶花篮、蜡票礼券之类），按辈分依不同的礼节向寿星拜寿，说些吉庆的祝词，寿星的儿孙排列两行逐一还礼。然后客人被请入堂内喝茶、吸烟、看戏、听曲。待到吉时，大开寿筵。席面有“猪八样”“花九件”“海参席”“鸭翅席”“燕翅席”不等，少则八桌、十桌，多则数十桌，有些大户人家则是“灶内不停火，席上不断人”，连开流水席。席上珍馐纷陈，但以寿面、寿桃（豆沙糖包）为最重。百岁盛宴为传统寿席中的最高档次，席间饰物众多，要张灯结彩，高燃红烛，悬挂寿幛，设置拜垫，气氛欢悦。其席面铺排：

亮席　面塑三星和八仙（此为群仙贺寿）。四寿点、四寿果（此为颐养天年）。福如东海、寿比南山八字彩拼。

开筵　十大菜：八仙过海、三星猴头、佛手鱼卷、四喜酥鸭、五福奎圆、鱼跃龙门、百味全鸡、银杏雪耳、如意鹌鹑、龟寿鹤龄。二寿酒：状元红、竹叶青。

散福　侍应人员端上寿桃、寿面、寿点、寿糖，众宾客来至寿星座前顺序领受。

酒 馆

北京人酿酒饮酒的历史悠久。金代，中都（今北京）酿造黄酒的技艺已较精良，城乡多有酒楼、酒肆。元代，大都城的酒业相当发达，设置专门的部门来酿造御用细酒和百官用酒。清代，有“酒品之乡，京师为最”之称，每天进出城门的运酒车辆络绎不绝。中华人民共和国成立后，特别是改革开放后，北京的酒业发展迅速，品种多样。

金代，中都（今北京）酿造黄酒的技艺已较精良，驰名的有崇义、县角、揽雾和遇仙等。酒品有醽醁、鹅黄和金澜等。政府设中都都曲使司，专门掌管酒类的酿造和征税，只准官营的酒坊酿售酒品。金大定三年（1163 年），中都酒户大量逃逸，影响酒税收入，金世宗责令地方官召集酒户重新开业。大定二十七年（1187 年）被迫放宽限制，允许民营酒户营业，改为征收酒税。中都的女真人以酒为主要饮料，尚豪饮。饮酒时置大酒缸于席间，用一个木勺子，自上而下循环饮用。婚嫁、节日、将士出征、大宴、祭祀等，酒不可或缺。中都生产的酒颇负盛名，金代王启在《中州集》中称“燕酒名高四海传”。

元代，大都城（今北京）酒业相当发达。元代统治者设有尚饮局和尚酝局，分别酿造御用细酒和百官用醴酒。平时或逢重大节日都在宫殿附近备有巨型贮酒容器酒海，以供君臣诸王饮用。葡萄酒常用于宫廷和国宴。至元二年（1265 年）渎山大玉海雕成，可贮酒三十余石，现仍安置在北海公园的团城。《析津志辑佚》载，齐化门（今朝阳门）外的水陆坞头有酒市，城内酒楼、酒馆密布，以积水潭畔等繁华地带为多。人们把酒分为马奶酒、果实酒和粮食酒等。马奶酒用马奶发酵而成。皇家贵族有专用取奶的马群。果酒有葡萄酒、枣酒、椹子酒等，以葡萄酒为最多，与马奶酒同样都是宫廷主要用酒，民间公开发售。粮食酒是民间的主要用酒。酒中常常加入药材炮制保健酒，有虎骨酒、地黄酒、枸杞酒、羊羔酒、五加皮酒、小黄米酒等。酒精度数高的酒称“汗酒”，即出汗的意思，民间俗称“烧刀子”。元朝时，劣酒称“茅柴”。

明代对酒业由专卖制度改为征收酒税，刺激了酒业发展。京城酿酒作坊和酒店随处可见。品种分宫廷酒和民间酒两大类。宫廷酒由在宫城的御酒坊和廊下家制作。光禄寺的良酝署作为掌管政府祭祀和宴会用酒的机构，另设御酒坊和酒醋面局，分别酿制帝后及太监、宫女饮用的酒品，酒醋面局约辖有酒户330家。制作的名酒有竹叶青、满殿香、药酒五味汤、金茎露、珍珠红、长春酒、太禧白等。居住在紫禁城内北端和西端“廊下家”的下层太监，制造殷红色的枣酒出售，人称廊下内酒，简称内酒。民间作坊也酿有很多名酒，如腊白酒、玉兰酒、珍味酒、刁家酒、黄米酒等。民间自酿自饮的酒，以煮酒为多，最风行的是用高粱做的白酒，称烧酒、烧刀，是平民百姓最爱饮用的酒。还有各种节令用的酒，如元旦饮的椒柏酒、正月十五饮的填仓酒、端午饮的菖蒲酒、中秋饮的桂花酒、重阳饮的菊花酒等。

清代，有“酒品之乡，京师为最”的荣誉，每天进出城门的运酒车辆络绎不绝。朝廷设光禄寺良酝署专司祭祀、宴会用酒事宜。帝后用酒另由内务府掌管关防处所属的酒醋坊酿制。乾隆时每年耗用玉泉酒1000余斤。京城的达官贵人崇尚黄酒，中下层百姓多喜欢价廉味浓的烧酒。名酒，除通州的竹叶青和良乡的黄酒、玫瑰酒、茵陈烧、梨花白之外，还有外地进京的绍酒、汾酒以及国外的洋酒等。

民国期间，北京盛行饮酒之风。当时北京（北平）的酒店分为官酒店、京酒店、黄酒店三种。中国实行改革开放后，北京市场上国产酒、外国酒大量上市，盛况空前；白酒、黄酒、药酒，名牌齐集，应有尽有；白兰地、威士忌、人头马等外国酒，琳琅满目。北京大小超市的货架上，大饭店、大饭庄、小饭馆、小吃店的小卖部，都有各类各样的名酒。

官酒店

清末民初，北京市场上销售的酒主要有两种，即白酒和黄酒。北京的白酒都是由城外的烧锅酿造。白酒又称烧酒、白干，以南路烧酒为最好。

经营白酒批发业务的酒店称官酒店。据 1914 年《新北京指南》载，在崇文门外磁器口一带，批发站共有 18 家，主要有永亨（瓜市大街）、天顺（瓜市大街）、聚川（瓜市大街）、天裕（东柳树井）、天泰（东柳树井）、泰和（蒜市口）等。自运各路烧酒，成篓批发，都已纳税，质量很好，所以老百姓称之为官酒店。

白酒称“烧酒”，因为这种酒点火就着。老北京人冬天喝烧酒，讲究喝热酒。热酒的方法也很特别，先把烧酒倒在一个小锡壶内，再拿一个碗扣过来，在碗底部倒进一点烧酒，用火柴一点，蓝汪汪的火苗就能蹿起两寸来高，然后把装满酒的小锡壶在火苗上转着圈儿地烧，直到酒水烧完火苗熄灭时，壶里的酒也热了，因谓之“烧”酒。此种做法，就地取材，热酒方便，给喝酒者平添一种乐趣。烧酒又叫白干，是因为这种蒸馏酒烧完之后，干干净净，什么也没有剩。北京中等收入以下的人都爱喝白干，因为价钱低廉，酒精度数高，劲大，有刺激性，喝得过瘾。一般人喝白干，要兑水，不然受不了，容易醉。一些京酒店为赚钱，趸来酒后也暗自兑水，特别是偏僻之地的小酒馆。因为烧酒酿造时所用原料不同，又分为高粱烧、麦子烧、玫瑰烧、茵陈烧等，其中酒精度数最高的是“干烧”，酒虽浓烈，但纯正无杂，不上头，醉了也无脑浆痛裂之感。

清康熙二十七年（1688 年），在北京近郊分设东西南北四路同知，分管顺天府二十四州县。南路厅驻大兴县黄村镇。当时大兴黄村、礼贤、采育三镇六家主要的烧锅所酿制的烧酒“其清如水，味极浓烈”，尤以海子角的裕兴烧锅（今大兴制酒厂）酿制的烧酒为佳，运销京城，名声大振，得名为“南路烧酒”。

南路烧酒，名大利高，有人图之，于是“官酒”之外还有“私酒”。所谓私酒，即未上税之酒。当年老北京城高池深，城外货物入城须上关税，有人为谋高利，不惜以身涉险，暗自携酒入城，逃避重税。此业中以中年妇女和无业游民居多。在京郊家中，用猪尿泡将酒藏好，系于身上，至城门口，随着人群蒙混过关。冬季衣肥袍大，偷运私酒最为顺利，女人则扮作孕妇，更不容易察觉。背私酒的有飞檐走壁的高手，在夜间徒手越墙，背对城墙，以脚后跟踩砖缝，一步一换脚，胸前负酒囊，直上城楼。背私酒虽然利大，若被官府发现缉拿，往往身首两处，为财丧命。

民国后期，粮食紧缺，大兴县各酿酒作坊均告无力支撑，正宗的南路烧酒名存实亡。1949 年，河北省任丘县“益泉永”酒厂迁至黄村镇，在裕兴烧锅原址建起黄村酒厂。1958 年，黄村酒厂更名为国营北京大兴酒厂，该厂生产的“永丰牌二锅头”，连续多年荣获北京市优质白酒称号，优质二锅头还被同仁堂中药店选定为浸制虎骨酒等药酒的专用产品。

京酒店

京酒店，是以售白酒为主兼售黄酒、露酒的酒店。京酒店因经营的形式、内容、规模、方式、副业等不同，分为酒馆、小酒店（酒铺）、酒摊（酒座）、大酒缸、药酒店等名称。

酒馆即酒饭馆，本以卖酒为主，但经多年经营，积累了资金，扩大了营业范围，有的除卖冷热酒外，还分别增加了烧卖、炸三角、锅贴、包子、馄饨、打卤面、叉子烧饼、馅饼等，成了名副其实的饭馆，并且都有一二样拿手菜或名小吃，驰名遐迩。如正阳楼的烤羊肉、涮羊肉、大螃蟹；致美斋的红烧鱼片、萝卜丝饼；百景楼的烩肝肠；都一处的炸三角、烧卖、晾肉、马莲肉、蒸酒、佛手露；虾米居（永兴居）的牛肉干、野兔脯、冰碗；柳泉居的酱爆肚仁、坛子肉；景泰轩（在阜成门里宫门口老虎洞）的野兔脯等，皆味美适口，众人称赞。这些酒馆后来都发展成为高级饭庄。还有一种“茶酒馆”也属此类，多设在郊区风景名胜之处，卖茶水兼卖酒，备些简单小菜，以供游客歇息饮用，城内少见。20 世纪30年代至40年代,在北城银锭桥东前海北河沿有个“集香居”茶酒馆比较有名。其位于烤肉季饭庄原址的东隔壁，为一木结构瓦顶的二层小楼,门前额题“临河第一楼”,卖茶水兼卖酒,人称“小楼杨”。楼上四面有窗,略可远眺。有诗社例会于此,四壁题咏甚多。夏秋来游什刹海者，多有到此楼一坐的，既可领略什刹海一隅的景色，也可品尝其苏造肉，所费无多。楼主之兄，曾供职清宫造办处，家藏有苏造肉全份作料处方，故所制苏造肉与一般饭馆不同，但配料中所用之中草药剂价格昂贵，非小酒馆所能使用得起的，后来停止供应，于20世纪50年代初停止营业。

“小酒店”（小酒铺）是京酒店中的重要组成部分,分布较广,多为北京“原住民”经营，一般规模较小，一两间门面，屋内有两三张酒桌，七八个凳子，五六样酒菜，价钱便宜，酒客众多。另一种小酒店是只卖酒，不设桌凳，更没有酒菜，酒客来这里只是为喝酒。喝酒论碗不论两。一碗酒是二两多（16两1斤），叫一个酒。碗是特制的粗瓷小碗，黑皮白里，讲究一点的是蓝边白瓷茶碗。这些“小酒店”多是夫妻店、连家铺，开设在人来车往的繁华街道上。一些赶大车的车把式，从酒店门前过，想喝酒，就从车辕上跳下来,并不停车,快步上前,没到酒店门口就高声喊:“掌柜的,来一个。”接过“白干”酒碗,扬脖一饮而尽,一边擦嘴,一边掏出20枚铜子往柜上咣当一扔，转身追车而去。像这样只卖酒不卖菜的小酒店,20世纪20年代至30年代为数不少。其中,前门外大栅栏东口北侧的同丰酒店上下两层楼，但店堂很小，酒客进门就说“来一碗酒”，站在柜台边一饮而尽。此酒店酒的质

20世纪40年代右安门关厢的永泰酒铺

量很好，当时在南城很有名。北新桥雍和宫大街报恩寺胡同口外的"恒聚永"酒店，也是不备酒菜的小酒店。还有自带酒菜倚在柜台边与酒店老板边聊边喝的。小酒店中有的是油酒店、盐酒店。油酒店除卖白酒外，兼卖香油。盐酒店除卖油盐酱醋之外，兼卖酒，酒为副业。这种酒店有带坐及不带坐之分。带坐者，于柜台外设板凳，备有花生米、腌鸡蛋等酒菜，客至坐饮。不带坐者，只准零买，不能坐饮。

酒摊（又称酒坐）是最小最简单的酒业经营单位，开设于街头、巷口、庙会、市场中，摆桌凳临时卖酒。如天桥市场的烧酒摊，支一幕棚，棚里坐着许多人喝酒，酒客席地而坐，谈天说地，位卑而言高，乐在其中，助酒的菜肴是饺子和炸鸡蛋。

在"京酒店"中最具代表性的是"大酒缸"。大酒缸兴于清代，盛于民初。20 世纪 20 年代，大酒缸在北京大街小巷星罗棋布，网点之多，不亚于油盐店，成为市民休息的地方。大酒缸本是山西屋子，由山西人经营，多数是三间两进的房子，门前斜插着一面酒旗，也有用锡盏、木罂缀以流苏或只挂个酒葫芦的。进门迎面是个木栅柜，柜台是曲尺的，也有一字形的。柜台上放着用红绿布分别包着的五六个酒坛子，并用纸条标明装的是什么类型的酒。酒坛子旁边还放着量具、酒碗和用瓷盘盛着的各色荤素酒菜，夏天用纱橱罩着。冬天火炉子上放着铁匣子，里面放着水，用以热酒。在墙上还挂着“开坛十里香”“太白遗风”等条幅，增添不少雅趣。柜台外边摆着几个半埋地下的头号陶缸，缸口上盖着漆成红色或黑色的两个半圆形对拼的木质大缸盖，作为饮酒桌，周围摆着几个板凳。这些酒店尽管有字号，如“义聚成”“和义公”等，但市民还是称它“大酒缸”。“大酒缸”卖的酒，以零打的白酒为主，也卖黄酒。黄酒主要是为那些拿酒瓶打黄酒的主顾准备的，到店喝酒的人很少买，嫌度数低。大酒缸供应的白酒主要是北京白干、衡水老白干、山西汾酒等。1937 年，白干酒的售价是每斤约 120 枚铜圆。大酒缸卖酒不论斤两，以碗为计量单位。一碗可盛二两酒。喝酒不说几碗，而说几个。如说喝一个酒，就是一碗（二两）酒，半个酒就是半碗（一两）酒。最少也要喝半个酒，要一包豆。打酒要用“酒提子”。酒提子放在酒坛子旁边的红铜盘子里边。这种酒提子是竹筒子做的，下是盛酒的小竹瓢，旁边有个直上直下的手提把，因而叫“酒提子”。酒提子分 1 两装、2 两装、4 两装、8 两装（当时 16 两为 1 斤）。在铜盘里还有个铜“酒漏子”。从酒坛里往“酒嗉子”（一种口大、脖细、肚大的小酒瓶）

和酒壶里打酒，需用酒漏子。酒嗉子是用来温酒的。冬天有些酒客喜欢喝热酒，就将酒打入酒嗉子，再放在火炉上的铁水匣里加热。大酒缸的下酒菜有自制和外叫之分。自制又有常备和应时两种。常备的主要有花生仁（煮的、炸的）、炸开花豆、煮青豆、炝辣白菜、炒豆芽、炒芹菜豆腐干、拌菠菜、拌海蜇、拌粉皮、肉皮冻、肥卤鸡、五香酱牛肉、牛肉干、松花蛋、腌鸡蛋、炸排叉、饹馇盒、炸虾米、玫瑰枣、豆腐丝、豆儿酱、豆腐干、芥末白菜墩、鲜藕拌干子米、炖排骨、酥鱼、醉蟹、拌肚丝、熏小鱼、酱菜等30 余种。应季时菜，随季节变化而增减。春季是香椿豆、炸小黄花鱼，夏季是拍黄瓜、凉粉、炸对虾，秋季是煮毛豆、蒸河蟹、煮花生，冬季是炒麻豆腐、炖鱼等。在自制的菜中还有热菜，如爆羊肉、卤煮炸豆腐、荷包蛋、盐水虾等。外叫的菜，就是到门外小吃摊上买。每个大酒缸门前都有众多的小吃摊，等候酒客外买。有时小贩也进门内招揽生意。小摊上卖的主要是水爆肚、炒肝、卤煮小肠、苏造肉、羊头肉、羊杂碎、驴肉、五香酱牛肉、熏

20世纪20年代的小吃摊

鱼儿（猪头肉、下水、熏鸡、熏蛋等）。酒菜以碟计价，大碟一角，小碟五分。鱼为上品，多以条计价。在小吃摊中，最著名的是前门外粮食店街大酒缸门前卖驴肉的和前门外廊房二条复兴酒缸门口卖白水羊头的。这些小吃摊与大酒缸已经形成了共生关系。大酒缸除供应酒肴外，还供应主食。最常见的主食是刀削面、拨鱼儿、包子、馄饨、叉子火烧、锅贴、水饺、馅饼、面条、扒糕等。有的以个计价，有的以碗计价。大碗二角、小碗一角。到大酒缸

20世纪40年代的卖牛杂碎摊

20世纪40年代的卖凉粉摊

20世纪20年代的馄饨摊

喝酒，时间不受限制，不收小费，不预备漱口水，也不打手巾把。“大酒缸”中的名店不少，其中“恒和庆”，在东四十字路口南侧路西，有三间门面，店堂宽深。店堂内除柜台外，就是七八个大酒缸，都高约三尺五六，半截埋地下，地上约有二尺余，缸口直径约二尺五六，每个缸口都有木盖，当作桌用。磁器口的官酒店定时给它送酒。1937 年，北平沦陷，酒客逐渐减少，生意清淡。20 世纪 50 年代初歇业了。“西义兴”，在阜成门内，每到晚上，店内酒客齐集，人声嘈杂，灯火通明，买卖十分红火，西四、白塔寺附近的市民常到此喝酒，坐在“大酒缸”周围聊天。1956 年，“西义兴”改弦更张，去掉大酒缸，改为小酒馆。大酒缸的顾客主要是北京普通市民，到大酒缸主要是休息、聊天，一边喝酒，一边与酒友评论时局、交谈商业行情，同时打听小道消息、社会新闻，达到散心、解闷、消愁的目的。

20世纪40年代后,小酒馆代替了大酒缸,由于物资供应紧张,小酒馆始终不景气，于70年代末消失。

还有一种“京酒店”是卖露酒的，称为药酒店。露酒是用各种药材、花果在白酒中炮制或熏蒸酿造而成的低度酒，常见的有红白玫瑰露、菜果露、状元红、橘精酒、黄连液、四消酒、蔷薇露、佛手露、山楂露、葡萄露、菊花白、莲花白、茵陈酒、五加皮、木瓜酒、陈皮酒、史国公酒等，其中，尤以菊花白、莲花白、四消酒、茵陈酒为出众,最能体现北京露酒的纯正风味。莲花白,以莲荷的花蕊加药制成，酒质甘美，其味芬芳，是全国优质名酒之一。茵陈酒,具有利湿清热的功能和利肝明目的效果。消食、消水、消暑、消气的四消酒，味深色浓而不太甜，比一般药铺的四消丸还有实效。黄连液味苦，能去心火，以通州八里桥所产著名。史国公酒为史可法所创，对风湿患者颇有疗效。木瓜酒色如琥珀，酒味香醇，对医治风寒腰腿疼有一定疗效，为柳泉居所产。药酒店不备酒菜，但可向别处购买。经营药酒的著名酒店有几家，“北益兴药酒店”是其中之一。该店创业于乾隆中叶，称“北义兴”，在德胜门内果子市路南小巷口外，以卖露酒出名，地以物重，遂称此小巷为“药酒葫芦胡同”，后来北义兴迁至斜对过迤西路北。北义兴后由奚家承做,改“义”为“益”,“北义兴”成为“北益兴”。北益兴因承受百十年传统的大酒缸,缸底滋泥日厚，无异酒母，故酒较他处醇厚,《都门纪略》记,北义兴的玫瑰露为北京市第一。

黄酒店

黄酒店专售黄酒。清末民初,北京的黄酒分为五种,即南黄酒、内黄酒、京黄酒、仿黄酒、西黄酒。南黄酒即浙江绍兴黄酒,内黄酒即清宫“内府黄酒”,京黄酒即北京黄酒,仿黄酒为民国后新发明的“仿绍兴酒”,西黄酒即山西黄酒。此五种黄酒,以绍兴酒为最著名。内府黄酒,自清帝退位后绝迹。北京黄酒与仿黄酒,次于南黄酒。山西黄酒在北京不太著名。浙江绍兴酒,俗称“绍酒”“老黄酒”“老酒”“浙绍”“南酒”,产地为浙江绍兴府安定同、全城明、德润征几处。绍兴酒以远年为最珍贵,故有老黄及陈绍之名词,又因原料多寡及重量轻重不同,有“四料”“单料”及“加重”之分别。北京销售的绍兴酒分为 4 种 16 类:一、花雕,即远年陈花雕酒,陈花雕酒,花雕酒;二、女贞,即远年陈女贞酒,陈女贞酒;三、清酒,即远年陈竹叶青酒,陈竹叶青酒,竹叶青酒;四、料酒,即远年陈四料酒,陈四料酒,陈元兴酒,元兴酒,陈单料酒,单料酒,绍兴料酒,绍料酒。以上 16 种绍兴黄酒,以远年陈女贞酒为最珍贵,是黄酒中珍品。其次是花雕,再次是竹叶青酒。花雕酒是一种平日酿造之好黄酒,颜色绛红,酒味很酽。一坛花雕酒约有 30 斤,酒坛外部有用水墨颜色画成的红黑相间的五色花纹,写有“平安富贵”“吉庆有余”等吉利名词,透着古朴典雅。

天津仿造的花雕，坛体外的花样是用油墨颜色绘的，一看即知是赝品。陈女贞绍酒色淡黄，入口微苦，酒精在 12 度左右。竹叶青酒以清淡著称。南酒经大运河从绍兴运抵通州张家湾后，再走陆路疏散到北京各处的酒店饭庄。送京的绍酒都是陈年佳酿，要经行家用新酒勾兑才能喝，否则酒液黏稠，不好饮用。黄酒酒精度数低，入口绵软，香气四溢，且有保健作用。光绪时，南方人在朝中日益增多，升降调迁，迎来送往，设宴招待的筵席上皆用绍兴黄酒。久之，南酒大量进京，南酒馆日渐增多，尤其是在宣南会馆一带，黄酒铺鳞次栉比，此景一直到北洋政府倒台。随着南酒的大量进京，北方黄酒也兴旺发达起来。清末民初，北京的北方黄酒主要是北京黄酒、山东黄酒、山西黄酒三种。北京黄酒主要是柳泉居酿造的黄酒、玉泉酿酒公司（在西直门内）酿造的“玉泉名酒”即“仿绍酒”、清宫内务府酒局酿造的各种黄酒。北京黄酒以清宫内务府所酿玉泉佳酿为第一。柳泉居所产黄酒在京也久享盛名。山东黄酒、山西黄酒均产于北京。普通人聚餐，饮“山东黄”与“山西黄”为多，因价钱低廉，适合需要。老北京人把“绍兴黄”与“山东黄”并称，实际上“山东黄”的色泽和味道都逊于“花雕陈绍”。山东黄酒分甜头、苦头两种。甜头黄酒名曰“甘炸黄”，味虽甜一些，但酒很纯。苦头黄酒名曰“苦清”，与绍酒相似，但价钱远低于绍酒，故很受一般酒客欢迎。山西黄酒味很薄，饮者较少。1940 年，北平《实报》报道：“在交通不便之今日，绍兴酒因来源中断，已昂至金浆玉液，故现在京市仅北方黄酒大行其道。”北方黄酒以北京黄酒势力最大，“山东黄”次之，“山西黄”

更次之。老牌北京黄酒为柳泉居之老东及清酒，其后起者为玉泉佳酿。此酒一说是柳泉居酿造，一说是玉泉酿酒公司酿造，实际上二者都是借名，真正“玉泉佳酿”是清宫内务府酒局酿造的。

北京最著名的黄酒店是柳泉居、三合居、仙露居、“四大茂”（和茂、勤茂、同茂、盛乾茂），其次是阜成门外的虾米居，前门外李铁拐斜街的越香斋，西单路北的雪香斋，地安门外大街的“泰源”，隆福寺街的“长发”，西单的“长生”“长春”，西长安街的“长泰”，宣武门外北柳巷的“长盛”“同宝泰”等。柳泉居原在西城护国寺街西口，前边是三间门脸的店堂，后边有个宽阔的院子，院内有一株大柳树，还有一眼水质清澈甘甜的井，故名为“柳泉居”。柳泉居所售的北京黄酒是用本院内甜水井的水酿造的。《陋闻漫志》载，柳泉居所酿造的酒，“色美而味纯”，酒客称为“玉泉佳酿”，是真正的“北京黄酒”。柳泉居也经营绍酒和“山东黄”。在柳泉居可以喝到真正原坛绍兴酒，但平时只有上好的“山东黄”。柳泉居公私合营后，迁往新街口南大街路西，并改为柳泉居饭庄。“三合居”在东华门，开业于清光绪年间，因是三人合资开办，故名。“仙露居”在崇文门外茶食胡同路北，也开业于清光绪年间，与柳泉居、三合居一起合称“三居”。清代时就有“京城‘三居黄’，清香醉神仙”和“饮得京黄酒，醉后也清香”之说。黄酒店有桌有凳，下酒菜肴主要有火腿、糟鱼、醉蟹、松花蛋、蜜糕等。“三居”的经营方式都是前店后厂，所酿造的黄酒均清亮透明，绵软舒适，甘醇清香，为酒客青睐。虾米居专卖良乡黄酒，下酒菜是炝青虾、牛肉干。雪香斋店主是绍兴人，专卖绍兴黄酒，下酒菜样数不多，最拿手的是炒鳝鱼丝，秋天也卖蒸活螃蟹，其经营情况就像绍兴的咸亨酒店一样。19 世纪末至 20 世纪初，北京是黄酒的天下，正式场合的筵席上以“百年花雕”“远年女贞”为最珍贵，茅台、五粮液、汾酒等上不了筵席。“国都”南迁后，黄酒店失去原来供应对象,业务逐渐清淡,不断有歇业的。1937 年日军侵占北平后，黄酒店全部倒闭。

茶 馆

茶馆的叫法很多，大体上有茶肆、茶坊、茶寮、茶店、茶社、茶园、茶铺、茶轩、茶室、茶棚、茶亭、茶楼等。茶馆是经营茶水的场所，群众多爱在此饮茶、休息、娱乐、消遣。其最初的形式是茶摊。

西晋末年（316 年），幽州地区始见饮茶。刘琨担任幽、冀、并三州军事长官时，军事形势险峻，常饮茶解烦。唐朝《封氏闻见记》卷 6《饮茶》载："开元（713—741 年）中……城市多开店铺煎茶卖之，不问道俗，投钱取饮。"辽代，契丹人多食牛羊等肉类和乳品，喜爱饮茶，茶叶成为契丹人与宋朝的主要贸易项目，以茶换马的市场称为"茶马互市"。金代，茶叶之珍贵高于酒。史料记载，当时"饮茶的情况是上下竞啜，农民尤甚，市井茶肆相属"。金朝所需茶叶主要来自宋朝每年的供奉，或者从边境的"榷场"贸易而得。茶叶有助于肉食和乳品的消化，不饮茶则气滞，所以茶叶是北方游牧民族的主要饮料。

元代"早晨起来七件事，柴、米、油、盐、酱、醋、茶"的谚语广为流传，饮茶是元大都各民族、各阶层的共同嗜好。元代王祯在《农书》上写道："上而王公贵人之所尚，下而小夫贱隶之不可阙，诚生民日用之所资，国家课利之一助也。"大都城内茶楼遍布，经营人员和服务人员一律被称为"茶博士"。大都名茶来自全国各地，有福建的北苑茶和武夷茶，湖州的顾清茶，常州的阳羡茶，绍兴的日铸茶，庆元慈溪的范殿帅茶等。大都人饮茶，常加盐、姜、香药之类的作料。宫中香茶以龙脑等珍贵香料、药材和茶配制而成。民间有芎药茶、百花香茶等。百花香茶是将木樨、茉莉、菊花、素馨等花置于茶盒下窨成。元代继承了唐朝的饮茶方式，煎茶、点茶依然风行，煮茶芽（即散茶）日益增多，"有客来，汲清泉，自煮茶芽"。

明代茶馆之名始见于文字。明代之前通行固形茶，即将茶叶制成末,再制成固定形状。朱元璋认为固形茶奢侈浪费,禁止生产,鼓励生产散装茶叶。明代后期设有茶政，名曰“茶司马”，管理以茶易马的互市。明代茶馆繁盛而简约，不用茶鼎或茶瓶煎茶，而用沸水泡茶叶。明人谢肇淛在《五杂俎》中提到：“古时之茶，曰烹、曰煎，须汤如蟹眼，茶叶方中。今之茶唯用沸汤投之，稍着火,即色黄而味涩,不中饭矣。”明代茶馆多用茶芽,以沸水浇之。明末，在北京出现了许多茶摊，一般是在街头巷尾，摆一张桌子几个凳子，桌上放几个粗瓷碗，专卖大碗茶，很受居民欢迎。

清代，帝后嗜好饮茶，光绪时期供应宫廷 28 种茶叶。宫廷御茶膳房所用茶叶等饮食品，多由各省大臣进贡，如光绪三十二年（1906 年）四月二十五日，安徽巡抚诚勋进贡银针茶 1 箱，雀舌茶 1 箱，雨前茶 1 箱，梅片茶 1 箱，珠兰茶 1 桶，藕粉 2 箱，樱桃脯 2 桶，枣脯 1 桶；五月初一日，湖广总督张之洞进贡通山茶 1 箱，安化茶 1 箱，砖茶 1 箱；五月初四日，云贵总督丁振铎进贡普洱大茶 120 个，普洱中茶 120 个，普洱小茶 120 个，普洱女茶 240 个，普洱珠茶 440 个，普洱芽茶 50 瓶，普洱蕊茶 50 瓶，普洱茶膏 50 匣；五月初八日，湖南巡抚端方进贡君山茶（大瓶）2 匣,安化茶（中瓶）2 匣,界亭茶（大瓶）2 匣,白莲粉 4 匣，百合粉 4 匣，荸荠粉 4 匣；五月十八日，护理江西巡抚周浩进贡安远茶 2 箱，庐山茶 2 箱，永新砖茶 1 箱。朝廷还以名茶赏赐大臣和外国君主,如光绪十三年(1887 年)以珠兰茶作为国礼赠给英、德君主。满族官员逐渐形成无事下茶馆的风气。京城茶馆的数量、种类、功能等蔚为大观，融入各阶层人民生活。当时所售之茶有红茶、绿茶两大类，红者曰乌龙、曰寿眉、曰红梅；绿者曰雨前、曰明前、曰本山。有盛以壶者，有盛以碗者，有坐而饮者，有卧而啜者。清代北京人最爱喝的是茉莉花茶，简称花茶。最名贵的是茉莉花窨焙过的蒙山云雾、蒙山仙品，其他品种还有桑顶茶、苦丁茶、玫瑰花茶、桑芽茶、野蔷薇茶等。清末，北京的茶馆遍布于全市，无论是前门、鼓楼、四牌楼、单牌楼等大道旁，还是偏僻小巷，茶馆星罗棋布。大多数人觉得在茶馆喝茶是一种极实际的精神享受，是一种艺术性的生活方式或休闲手段。

民国时期，茶馆随着八旗子弟和清代遗老遗少的失势，生意清淡，日益衰落。20 世纪 20 年代，一些皇家禁苑逐步对社会开放，变为可自由游览的公园，茶馆成为茶社茶座，又在公园里热闹起来。孙另境在《庸园集 · 故都之旅》记载，当时北京中山公园“凡在树荫空闲之地，都设有茶座”，“茶座上全塞满了人，几乎没有一点空地，一桌人刚站起来，立刻便会有候补的挤上去”。谢兴尧也提到：“凡是到过北平的人，哪个不深刻怀念中山公园的茶座呢？尤其是久住北平的人，差不多都以公园茶座作为他们业余的休息之所或公共的乐园。有人说，世界最好的地方是北平，北平最好的地方是公园，公园最好的地方是茶座。”中山公园的茶座有五六处，最热闹的是春明馆、长美轩、柏斯馨等。游人徜徉在曾是皇帝垄断的坛庙社苑里，逍遥自得地喝着茉莉花茶，很有感触。日军侵占北平后，公园的茶座无人敢去。1937 年 8 月 6 日北平日伪《新民报》报道，北平的茶点社只剩下 31 户。中华人民共和国成立前夕，茶馆、茶社、茶座只有屈指可数的几户。

至20世纪80年代,北京茶馆仍处在萎缩期。改革开放之后,国民经济迅速发展,人民生活水平提高,为茶馆复苏创造了条件。20世纪80年代开业的代表性茶馆是老舍茶馆(1988年开业于前门西大街正阳市场3号楼),20世纪90年代开业的代表性茶艺馆是五福茶艺馆(1994年开业于阜外大街3号楼,已有两个分号)。现在茶馆的功能比过去增加很多,不仅可以喝茶,还可以吃点心,听戏,看相声,瞧口技,下象棋等。1995年,北京的茶艺馆、茶社、茶座、茶摊约有近千家,如果加上饭店、饭庄、饭馆门前场地上的茶座,经营茶水的单位约有数千户。北京人到茶馆,不仅是为了喝茶,而在于听京剧、看曲艺、娱乐、休息,特别是退休的老年人,到茶馆喝茶有利于增见识,长知识,开心解闷,消除孤独感。

大茶馆和特色茶馆

大茶馆

清朝大茶馆林立。《清稗类钞》第13册6318页"茶肆品茶"载当时大茶馆的情况是:"京师茶馆,列长案,茶叶与水之资,须分计之。有提壶以往者,可自备茶叶,出钱买水而已。汉人少涉足,八旗人士虽官至三四品,亦厕身其间,并提鸟笼,曳长裾，就广坐，作茗憩，与圉人走卒杂坐谈话，不以为忤也。然亦绝无权要中人之踪迹。”大茶馆建筑皆用勾连搭盖法，多者由六七重房屋组成。但大多为三四重。门面自三间至五间不等，从正面进门后，房屋一侧为头柜，管外卖及条桌账目，另一侧为大灶。其后，左右两侧房屋有蒸锅、饼铛、红炉（即烤糕点用的烤炉）、水灶等各种名目。再其后，两侧房屋备有长桌、凳子。在柜、灶间有一特殊的设备，即“大搬壶”，壶高五六尺，直径三尺，以红铜制成，两旁有壶嘴，悬于屋梁之下，中贮沸水，随时取用。红炉所制点心为月饼、元宵、芙蓉糕、萨其马等，其酒饭亦备有鸡、鱼等菜，而无鸭席。此处的“炸丸子改刀”“烂肉面”是脍炙人口的。到这里饮茶吃饭的，多是劳动者。大茶馆的前堂，又称头柜（前柜）。过前堂往里走，则是二柜，两侧房屋又设一账

20世纪40年代的清茶馆一角

房，管理所有结账收支金钱之事。再往里走，两侧房屋设有小长桌及板凳，此处为过厅（俗称“腰栓”）。再往里走，还有两侧房屋，设有八仙桌（约三尺见方）及板凳，是为单间雅座，名为后堂。后堂及腰栓皆为中等人饮茶用饭之处。以上为大众茶座。另外，每间隔开的房屋，里面有八仙桌子、板凳、烟床等，名为高级雅座，为达官贵人、官僚、军阀饮茶用饭之所。茶馆各处均有跑堂的（服务员），专门送茶、送饭，并管结账。在前堂饮茶所用的茶具是瓦壶粗瓷碗，茶也是下等，每包茶钱一个铜钱。茶馆备有各种点心及肉包子等，供应客人。要吃饭菜，茶馆也可以做，但菜不精，味不佳。

北京人喝的茶多为茉莉花茶，即所谓“香片”，是将江南熏好的茶加工“拼兑”重熏的，在门市零售时，再另外掺鲜茉莉花放在茶中，谓之“小叶茉莉双熏”。这种高档茶叶，是专门供应当时达官贵人、巨商富贾、社会名流等饮用的。另有一种茶叶叫“高末”，是一级茶叶碎末，供广大市民饮用。

清代北京著名大茶馆有广汇轩、天宝轩、汇丰轩、天利轩、天寿轩北、天汇轩、新泰轩、天福轩、天德轩、龙海轩、海丰轩、兴隆轩、永顺轩、天全（泉）轩、裕顺轩、三义轩、海运轩、福海居、天泰轩、荣盛轩等。

清朝时，大清律规定，旗人（满族人）不准经商、种地，可以不劳而获（吃皇粮），按月、按季“关钱粮”“拉俸米”。因此，“家有余粮，人无菜色”，除玩些“虫鱼狗马、鹰鹘骆驼”之外，就是到茶馆聚齐聊天，以享天年。所以“茶馆生意极为兴隆”，“遍布内城、外城及近郊”。

还有以娱乐为目的的城外茶馆。如东直门外的“红桥茶馆”，由明代到清末，兴盛了三百多年，清末的“抓髻赵”曾在此唱过莲花落。永定门外沙子口的“四块玉茶馆”也很有名气，它有跑道，可以跑车跑马，每年春秋两季都十分热闹，夏天有贵族王侯、名伶大贾前去消遣。清亡后，这些茶馆大都倒闭。

特色茶馆

20 世纪 20 年代至 30 年代，北平大街小巷兴起了特色茶馆，有清茶馆、书茶馆、棋茶馆、野茶馆、武术茶馆、茶酒馆、茶饭馆（二荤铺）等等。

清茶馆，专卖茶水。店内方桌木凳，茶壶茶碗，干净卫生，沸水沏茶，香气四溢。早晨五点开业，找活干的和遛弯的、遛鸟的、锻炼身体的人们就逐渐来此喝茶。快到中午时分，那些拉房纤的、打鼓的、放高利贷的就来茶馆聚齐，一方面交流业务信息，另一方面设法欺骗别人，做一些损人利己的事。清茶馆中比较有名的是陶然亭北面的“窑台茶馆”。民初以来，戏曲演员多居南城，他们每天清晨都要到先农坛一带喊嗓子、练功夫，窑台为其必经之路。因此，早期的京剧著名演员金少山、余叔岩等人，富连成科班的师生及四城票友都是这里的常客，窑台茶馆盛极一时。其次是天桥的劈柴陈、六合楼、西华轩（红楼）、同乐轩、合顺轩、爽心园、荣乐园等茶馆，也经营得不错。

20世纪40年代的艺人在茶楼唱琴书

书茶馆，是请名角在茶馆内说评书、唱京韵大鼓等节目的茶馆。这类茶馆设备比较考究，有藤、木方桌和椅子，顾客一边喝茶一边听书。室内还有小贩到桌前卖五香瓜子、干咸瓜子、甘草瓜子、白瓜子、五香咸栗子、煮花生、焖蚕豆、冰糖葫芦等小食品。书茶馆上午卖茶，午后至晚间说评书，下午三四时至六七时为白天场，晚上七八点至十一二点为晚场。也有的在下午一时至三时加一场，这时说书的多为初学乍练的人，一般名角不应早场。一般情况下，每演一个节目敛一次钱，给多少不限，但最少也得给一个小铜圆。有的听众愿意自己点戏、点节目，被点的演员演唱后，点者要另加钱给演员。北京有名的书茶馆是东华门外东悦轩和地安门外同和轩（后改为广庆轩），这两处不仅书说得好，而且茶

20世纪40年代书茶馆女艺人在演唱京韵大鼓

馆的装修、布置美观大方。再就是天桥三角市场外的二友轩以及天桥的福海轩（居），福海居有三百多座位。民国二十五年（1936年）时，北平市书茶馆有七八十家，只有在这些书茶馆中演唱出名，才能走上名茶园，如东安市场的“新中国茶社”、王府井的“凤凰厅”、西单商场的“茗园茶社”等。

棋茶馆，是靠设棋局招徕茶客的茶馆。这类茶馆多集中在天桥一带，设备比较简陋，有的用圆木、方木数根半埋地下，或用砖砌成砖垛，再铺上长条木板，在木板上画成十几个粗细不匀的棋盘格，两旁放长板凳。这种棋案共设有十余张，一些不相识的棋迷们，可以任选一种棋局，一面品茶，一面“厮杀”。几十个茶座，几十盘棋，弈者敲棋声脆，观者笑语喧哗。天桥新世界游艺场斜对过的启新茶社，20 世纪 40 年代曾经是北京弈林高手会聚的地方，被誉为北京象棋棋坛“三宝佛”的那健庭、张德魁、侯玉山，以及坐镇天桥二友轩、宣武门外松阴轩、花市三友轩、朝阳门外如意轩等茶馆的名手，均是这里的常客，一些有影响的埠际棋战也经常在此举行。围棋国手崔云趾，曾在什刹海二吉子茶馆坐镇，成为茶馆韵事。在茶馆下棋，除茶资外，不另付租棋费。这种茶馆，由于业务单纯，收入微薄，生意并不好。

野茶馆，是在北京城近郊一些休闲地方开设的“乡村茶馆”，也称“土茶馆”。这些茶馆乡土气息浓郁，草罩棚子，土坯砌的桌子，木板钉的凳子，粗瓷茶碗，泥土茶壶，茶也是苦涩的。去野茶馆的，主要是本地农民，城里人只有到郊区游玩回来歇歇脚，或到郊区呼吸新鲜空气、玩纸牌、打麻将，或钓鱼、捞鱼虫休息一下才会去。比较著名的野茶馆有：麦子店茶馆，在朝阳门外麦子店东窑，四面芦苇，地极僻静，和北窑的“窑西馆茶馆”类似，渔翁钓得鱼来，可以马上到茶馆烹制。麦子店附近的水坑有鱼虫，养鱼的把式每年都到此地捞鱼虫。六铺炕茶馆，在安定门外西北约一里地，因有土炕而得名。到这里喝茶的，都以消遣为目的，经常玩“推牌九”“顶牛”“开宝”等。绿柳轩茶馆，在安定门东河沿河北的一个土山坳里，四周皆垂柳，主人开池引水，种满荷花，极有诗意，颇能吸引茶客。葡萄园茶馆，在东直门和朝阳门中间，西面临河，南面东面临菱角坑的荷塘，北面葡萄百架，老树参天，短篱缠绕，环境颇佳，夏日常有棋会、诗会、酒会等活动。上龙茶馆，在安定门外半里地的上龙，北临兴隆寺古刹，地势很高，寺北积水成泊，大约数十亩，庙内僧人以配殿设茶座，开后壁的窗户，可以远望西山北山，平林数里，燕掠水面，美景如画。在上龙的井上斜覆着一株古老空心的柳树，井东空地上支有席棚，主人卖茶卖酒，也卖馒头，井南有一架葡萄，西南环有苇塘，在两丈高的土坡上建有一间土房，可临窗小饮。三岔口茶馆，在德胜门外西北的撞钟庙附近。茶馆是三间矮屋，坐西朝东，直对德胜门大道，房后树木成林，经纪人在此迎接西路来的骆驼队，生意颇为兴隆。白石桥茶馆，在西直门外高梁桥、白石桥间，有长河相通，郊游的人乘船饮酒，到白石桥上岸歇脚，在此茶馆饮茶观景，散心休息，颇为热闹。

武术茶馆，在天桥水心亭，室内外能容纳1000多人。室外备有刀、枪、剑、戟、斧、钺、钩、叉、鞭、锏、锤、挝、棍、棒、槊、镋、戈、铲、殳、钯、弓、弩、镖等20余种器械，茶客可以任取其一，或练习，或比武，每位只付茶资两枚铜子，所用器械一律免费。对不喝茶而观看演武者，分文不取。茶馆是著名武术家李尧臣开办。他生于清光绪二年（1876年），卒于1973年。在会友镖局走过镖，为慈禧太后表演过“八仙庆寿剑”，给京剧一代宗师杨小楼指教过有关《闹天宫》等武戏中的猴拳动作，亦为京剧大师梅兰芳指导过《霸王别姬》中的舞剑手法，主持过北京精武体育研究会，教过国民党第29军用大刀，打败过日本拳师，1949年后，在怀仁堂为中央首长表演过武术。别开生面而又盛极一时的武术茶社，为天桥增光不少。

茶酒馆，以卖茶为主，兼卖酒，但不预备酒菜。在柜台上放

清末民初的茶酒馆一瞥

两个酒坛子，一个是黄酒，一个是烧酒。来的人，主要是喝茶、聊天、消遣。谈的时间长了，肚子饿了，就到柜上买几两酒，再到门外小饭摊上买点羊头肉、酱牛肉、炸丸子、花生仁等点补点补，然后接着再侃，兴尽而归。

茶饭馆，以卖茶为主，兼卖点心和饭菜，也称茶轩和二荤铺。北洋政府时期部分著名茶轩经营的菜，以炒里脊片、摊黄菜为主要品种。1926 年《增订实用北京指南》载北京市著名茶饭馆有天禄轩、恒义轩、海丰轩、天利轩、广和轩、天兴轩、天寿轩、天宝轩、三阳馆、天泰轩、天福轩、通泰轩、裕泰轩、裕丰轩、汇兴楼、龙海轩、天和轩、天汇轩、宝兴馆、天丰轩、永顺轩、同义轩、北天汇、海兴轩、三义轩、玉春轩、鸿泰轩、万德楼、永泰轩等。

茶 楼

清光绪庚子年（1900 年）后，大茶馆逐渐衰落，代之而起的是南式茶楼。清末民初，在前门外大栅栏新兴商业区一带开设起四座茶楼，即西河沿劝业场三楼、廊房头条首善第一楼三楼、西观音寺宾宴楼三楼及青云阁三楼。南式茶楼多以江浙一带茶楼经营方式经营。泡茶用盖碗，一客一份，以碗计价。在敞厅里品茗，有两种不同的座位。一种是厅中设有方桌，每桌可供二三人或四五人围坐共话。一种是厅之四壁设有躺椅，椅可摇曳，两人共一长几，几上放有茶具、烟具，人躺椅上，可以闭目养神，也可执卷浏览。茶楼兼营西餐，品茗之余，可在此吃饭。桌上备有西餐菜谱，定份或零叫，随意选取。雅座另设单间，桌椅枕榻，样样齐全；招待堂客，门有布帘，侍者非呼不入。营业时间，下午至午夜。北洋政

清末两位旗装妇女在茶楼里吃点心

府成立之初，是茶楼鼎盛时期。

1926年《增订实用北京指南》载北洋政府时期北京市部分著名茶楼及咖啡馆有：又新茶楼、中兴茶楼、东安茶楼、润明楼、德昌茶楼（兼咖啡）、东安市场东园茶楼、王府井大街来今雨轩、长美轩、柏斯馨咖啡馆、中央公园玉壶春、蓬莱春、劝业场南茶楼（青云阁三楼）、观音寺第一茶楼、绿香园（兼咖啡馆）、西观音寺宾宴楼三楼、畅怀春、碧严轩、前门外廊房头条首善第一楼三楼。北洋政府倒台后,茶楼逐渐萧条。1937年“七七事变”后，茶楼大多歇业。

茶　社

民国时期，中山公园和北海公园对外开放后，公园的茶社兴旺起来。公园的茶社季节性很强，以春夏秋三季生意最旺。

中山公园的茶社，以来今雨轩名声最著。这里离前门很近，占地面积广，客座多，前有罩棚，后有店堂，几十年来，除卖茶水外,还交替供应中西餐,菜烧得很精美。前面铁罩棚下设有茶座，藤桌藤椅，罩棚边是百年古槐。闪烁在夕阳中的雕梁画栋，远衬蓝天，近映红墙，是看花、听蝉、纳凉、夜话的最好去处。外有小吃、小卖部、啤酒、汽水等，最著名的点心是肉末烧饼、冬菜包子、火腿包子。有的客人自带茶叶，只算水钱。品茶时可借阅报刊，专有（个体）送报到桌，除一般日报、晚报外，更多的是画报、期刊，送报人巡回服务，随看随换，最后总起来付几个钱的小费。公园内西部大路边有几家茶社，分别是春明馆、上林春、长美轩、吉士林、柏斯馨、瑞珍厚等，由南往北，互相挨挤，各以优质服务招徕顾客。所有的茶桌都摆在柏树阴中，一色人造大理石的桌面，桌子宽大，四张藤椅很宽绰；人多时，可以加椅子，拼桌子。柏树下面，吊有电灯，入夜灯光辉煌，茶客济济。公园的茶座，生意主要在旧历 4 月至 10 月期间，10 月一过，北风一吹，生意就冷清了。

北海公园茶社，在琼华岛和北海北岸一带。琼华岛北面，东是“漪澜堂”，西是“道宁斋”。这两个院落相连，是北海茶座的两张王牌。漪澜堂和道宁斋的茶座一律摆在白石栏杆边上和走廊上的栏杆间，靠石栏杆的桌子三面坐人，北望湖水、游船、五龙亭、小西天，一派金碧辉煌。漪澜堂的点心以仿清宫御膳制法制作而著名，如冰镇的豌豆黄，端上来后乍一看，真像一块一块“田黄”图章，吃起来又凉又甜又香又糯，入口即化，似乎真是得了“大内”的秘方。北海北岸最西是“五龙亭”，靠游船码头，与漪澜堂隔水相望。东面是仿膳茶社，有仿制御膳的名厨，其名点芸豆卷、小窝窝头、肉末烧饼、豌豆黄，誉满京华。公园茶座的茶叶与水分别计算，一天只收一次水费，每位八分，茶叶另算。每个茶桌上照例有四盘压桌干果，每盘价格等于一个人的水钱，吃一盘算一盘，收入归茶房公柜。营业时间不限，上午沏一壶茶，可以喝到晚上落灯；若喝到一半，去别处散步或吃饭，茶座仍给你保留，但须与茶倌说一声。日军侵占北平后，大多数茶社茶座停业。

茶 棚

明末清初，北京开始出现茶棚，有季节性的和长期性的两种。

季节性的茶棚，以什刹海荷花市场的茶棚为最有名。每年夏秋，什刹海北岸都会搭成一条长廊似的茶棚。茶棚用芦席、竹子、杉篙等搭成，一半在岸边，一半在水中，形成一座水榭式的平台，上边用芦苇席搭成天棚，使茶客免受日晒雨淋，四周安有栏杆，天棚出檐处吊上茶馆的幌子。茶棚大小不一，盛时多达 20 余座。茶棚内茶桌条凳摆放整齐，茶桌上铺着洁白的台布，立柱上贴着红纸黑字“莫谈国事”的红条。这里茶叶很便宜，价格不等，任茶客挑选,水钱一角。客人要“续水”,随叫随到。什刹海地处市内，交通方便，岸边杂草野花并茂，岸上槐树绿柳成林，水中荷叶如翠盘，荷花飘香，使人流连忘返。清末民初是荷花市场最盛时期，夏季从下午三四点钟能热闹到深夜十点以后，茶棚生意兴隆。

长期性的茶棚，主要在天桥市场、中山公园、北海公园等。抗日战争前，天桥的茶棚有 20 多家，如小小茶园、天桂茶园、小桃园、万胜轩等。最有名的茶棚是中山公园来今雨轩，它的罩棚是铁皮的，比较耐用。还有一些长期性的茶棚，是在临街的房子前面搭个棚子，砌上炉灶，卖茶水。这种棚子很有特色，棚子下面砌一个高炉台子，长约 3 米，宽 1.5 米，高 0.8 米，中间有两个火眼，烧着几把大铁壶。炉台子用砖石加黄土泥砌成，外面包一层麻刀白灰泥，上宽下窄，呈倒梯形。这既是炉灶的炉台，又是喝茶的桌子，台子两侧放有长板凳，喝茶的围着台子而坐。白灰泥抹的台子不怕水，越磨越光亮，脏了可以用湿抹布擦，因而显得很干净。这种茶棚子比较简陋，来这里喝茶的大多是蹬三轮车的、拉洋车的、牵牲口赶脚的和卖苦力的穷人。夏天，棚子里风凉，上面有棚子遮住太阳，四周无墙挡风，在此喝茶较凉快。冬天，这里更是穷人喜欢光顾的地方，炉台子是热的，人们到这里，要上一壶茶，趴在炉台子上，用炉台子的热量来驱散身上的寒气。拉洋车的把这里当作"车口儿"；牵毛驴赶车的把这里当作"驴口儿"，等人来雇。没有人雇的时候，就在这里暖和着，总比到街边上被西北风吹着强。茶棚里没有好茶叶，所卖的都是最便宜的茶叶末，因而买一壶茶很便宜，穷人也承受得起。这种临街的茶棚子，在阜成门、西直门的门脸儿比较多。20 世纪 50 年代初，这种茶棚子还可以看到，公私合营之后就逐渐地消失了。

妙峰山的茶棚，是另一类型。妙峰山上有道教庙宇，主要是碧霞元君娘娘庙，因康熙皇帝朝拜而闻名。妙峰山每年的农历四月初一至十五有庙会，这时正是初夏时分，天气逐渐转热，半月内来进香的有几十万人次。进香的路线有北路、中路和南路三条。为进香人服务的茶棚应运而生，从山下到山顶的 40 里山路上，茶棚错落有致，进香的人在茶棚只要道一声"老总管您虔诚"，渴了就喝茶水，饿了就喝粥，有的茶棚还有馒头吃，都是免费供应，因为这是慈善事业，有人捐助。妙峰山的茶棚，开始时是真正的棚子，继而发展成为固定的建筑，成为茶棚与寺庙相结合、人神共用的特殊建筑物。有的茶棚很有名，如南路的“万缘同善茶棚”和北路的“贵子港茶棚”。万缘同善茶棚，坐落在门头沟区琉璃渠村北不远的山坳里，依山势，坐东北面西南。大门紧靠妙峰山进香的南道。此茶棚分三部分，中路为茶棚和供殿，左为车马院，右为井院。中路主体建筑是正殿，面阔三间，进深两间，为卷棚勾连搭建筑，覆绿色琉璃瓦，木结构，内外均油漆彩画，殿内供奉琉璃制观音菩萨像，挂有一巨大的铁磬，声音极清脆，能传数里。配房各五间，在庙会期间接待“体面”香客。劳苦大众均在院内搭的天棚内拜观音、喝茶粥，作短暂休息。车马院占地二亩多，是个换交通工具的转换站，乘车进香的香客需在这里弃车换乘轿子。北路上的贵子港茶棚，是当年朝山进香的最后一个茶棚，是天津人张玉亭于 1934 年修建的。张玉亭与妙峰山宗镜方丈协商，在已破旧的茶棚基础上，费数百银圆修建而成。中华人民共和国成立后，进香者减少，茶棚逐步消失，20 世纪 50 年代尚存少数几个,20 世纪 90 年代时,仍然可见当年一些茶棚的残垣断壁。进入 21 世纪，随妙峰山等地旅游业的兴起，妙峰山香道上的部分茶棚建筑恢复。

饮食文化

北京的饮食业，在源远流长的发展中孕育浓厚的文化氛围。有的体现在经营者的经营宣传中，如请名人题写的字号和匾额，长期经营形成的多姿多彩富有特色的招牌和幌子；有的体现在行业内部的用语上，如行话、隐语、谚语等，起着方便工作和保密的作用，也富有艺术性；有的体现在与行业有关的对联、诗词、歌赋里，其内容主要是对店铺和饭菜的描述、赞颂及有感而发，有许多是文人、墨客集群众的智慧写成的。这些具有行业特色的文化色彩，随着历史的进程日积月累不断丰富，在行业中和社会上有着广泛的影响，成为北京市饮食行业文化的重要组成部分。

字号、匾额、招牌、幌子

字号

北京饮食店的字号以三个字的居多，如全聚德、便宜坊、都一处、丰泽园、东来顺、西来顺、南来顺、厚德福、老正兴、功德林等；也有两个字的，如康乐、马凯、曲园、明华等；还有以姓氏为字号的，如白记、冯记、李记等，这些字号以摊贩居多，烤肉季、烤肉宛、馄饨侯等老字号就是这类商店的遗风。

匾额

请名人题匾是中国商店的一大特征。许多“老字号”的匾额都是由名人题写。创意不凡、精美漂亮的匾额是长久的广告牌，是商店的一笔巨大财富。有观赏价值的匾额能营造商店独特的文化氛围，引起顾客的审美情趣，显示商店的格调和档次。为了光饰门面，商家不仅要请著名书法家写匾题款，还要由专业店铺（多开设在杨梅竹斜街）精雕细刻、油漆贴金，制成“金字招牌”，择吉日挂在店门之上，使人看到名人款识而提高商店的身价。商店的匾额以饱满端正的楷书为佳，象征着物阜财丰。中华人民共和国成立之前的名匾已很少见，保留至今的有“全聚德”（已由中国国家博物馆收藏）、“都一处”（清乾隆皇帝亲题）、“清真烤肉宛”（齐白石题）等。中华人民共和国成立后，20世纪五六十年代以郭沫若书写的为常见，20世纪70年代以后赵朴初（佛教领袖）题写的较多，20世纪80年代以来多由溥杰、启功、刘炳森、胡絜青等人书写。这些匾额已成为难得的艺术珍品。

招牌

招牌的设计书写都很讲究。招牌，有的粉壁书写，有的木刻，有的铜铸，风格各异。在清代的北京，“酒肆则横匾联楹，其余或悬木罂，或悬锡盏，缀以流苏”。招牌上书写商店所经营的商品内容、质量、特色，竖挂在店门两侧的门框或墙壁上，文字简明，字迹清楚。也有许多小巧玲珑的木质招牌悬挂在房前屋檐下，并在招牌下缀有红色幌绸。招牌正反两面写的字，都是商店经营的品种名称。

幌子

幌子和招牌是商店招揽生意的一种形式，在中国已有两千多年的历史。幌子既是招徕顾客的需要，也有竞争的作用。在繁华的街市中，鳞次栉比地矗立着大小不一、各色各样的商店，尤其

20世纪40年代的小饭铺幌子

是小商店，由于门面狭小，很容易被人忽略，为了突出自己的存在，就必须高高挂起醒目的幌子，引起行人注意。各类商店都有自己的幌子。

饭馆幌子，是长尺余、宽三四寸的红木牌，两个或四个挂在门前房檐下，写着“家常便饭，随意小酌”，或“应时小卖，随意便酌，四时佳肴，南北名点”等词句，两边扎着红布。“二荤铺”门首多悬布幌子，其形如幡，中间一条宽约八寸，白心蓝边，两旁各有一宽约三寸的窄条，均长约二尺余，白心中书诗四句：“太白斗酒诗百篇，长安市上酒家眠，天子呼来不上船，自称臣是酒中仙。”每挂一句，一共四挂。

20世纪30年代的切面铺幌子

饭铺幌子，是用纸条剪成的红色黄色的长方形或圆桶形的穗形物，象征切面条。

切面铺幌子，系一罗圈，圈上糊金纸或银纸，下垂红绵纸条，用以表示带卖煮面，罗圈象征面锅。回民开的切面铺，幌子用蓝色纸条。北京晨间，售卖烧饼果子粳米粥之粥铺，多为回民所开，早晨售卖早点，近午即做简单饭食，主要是煮面，故此粥面铺亦多悬此类幌子，唯纸条为蓝色。此外，尚有一种扁形幌子，上为木板，宽约尺余，高不及尺，下垂纸条（较圆形者细），纸条长

20世纪30年代的烧酒铺幌子

约二尺左右。每年岁首，覆上一层，年深日久，逐益加厚。纸条有黄白二色，白色表示卖切面，黄色表示卖杂面。木板上刻双桃表示售蒸食。

茶馆幌子，是两块或四块木牌，长八寸许，宽两三寸，上面写毛尖、雨前、龙井、大方等。

酒店幌子，又称酒旗、酒帘，大多是在一块布上写个“酒”字，高高悬在店门口，远远可以看到。酒旗的颜色，有白色或青色。酒旗大小不等，小的仅一尺布，大的则“酒店门前七尺布，过来过往寻主顾”。有些酒店（或油酒店）的幌子是一黄铜做的壶（或酒坛子），圆形，略似火锅，下结幌绸并缀以铜“古老钱”一枚。酒缸或茶酒馆的幌子是木制朱漆葫芦，下系一块红布。

题词、题字、题诗和对联

题词、题字、题诗

溥杰给仿膳饭庄题词

浪淘沙

十里芰荷香，翠柳朱墙，漪澜荡漾水云光。

琼岛春阴巍玉塔，妙在长廊。

朋友遍遐方，济济锵锵，四筵舞箸更飞觞。

尝品故宫前代味，忘是他乡。

张之洞给广和居题诗

都官留鲫为嘉宾，作鲙传方洗落尘；

今日街南逢柳嫂，只缘曾识旧京人。

郭沫若给鸿宾楼饭庄题诗（1963年春节）

鸿雁来时风送暖，宾朋满座劝加餐；

楼头赤帜红于火，好汉从来不畏难。

梅兰芳给烤肉宛题诗（1960年10月）

宛家烤肉早声名，跃进重教技术精；
劳动人民欣果腹，难忘领导党英明。

溥杰给烤肉季饭庄题诗

小楼一角波光漾，每爱临风倚画栏；
酒肴牡羔无限味，炉红榾拙不知寒。
树移影疏甚幽赏，月满清霄带醉香；
车水马龙还大嚼，冯骦长铗莫庸弹。

老舍给晋阳饭庄题诗（1959年10月）

驼峰熊掌岂堪夸，猫耳拨鱼实且华；
四座风香春几许，庭前十丈紫藤花。

臧克家给晋阳饭庄题诗（1985年）

阅世知微术絜长，茫茫何处觅草堂；
今宵坐上恍如梦，当日书香换酒香。

端木蕻良给晋阳饭庄题诗（1985年）

犹是紫藤当日香，阅微草堂晓岚狂；
晋阳风味足豪世，汾酒杏花劝客尝。

对联

商业对联是在家庭对联的基础上发展起来的。中华人民共和国成立前，北京商店的对联主要是表达店主人的心意，希望买卖兴隆发达。著名的书法家根据店主人的愿望，书写了不少名联，使对联成为商店的一景，引来不少顾客观赏，扩大了影响，提高了身价。大饭庄、高级饭馆的店堂楹柱上、门框上都有对联。中华人民共和国成立后的20世纪50年代，对联仍流行于各行业。“文化大革命”后，除了春节外，其他时间对联已很少见到，商业用对联逐渐减少。

通用对联

货真价实，童叟无欺。

生意如春意，财源似水源。

喜迎四海宾客，笑接八方财神。

利己利人真公益，同心同德太平春。

生意兴隆通四海，财源茂盛达三江

热情服务顾客满意 ，耐心周到群众欢迎。

丰俭由人，欢迎光临。

菜好传千里，酒美暖人心。

酒美肴珍安且乐 ，国强民富寿而康。

经济实惠品种多，物美价廉质量好。

随来随吃随供应，客来客往客如云。

餐饮联

会仙居：美味招来云外客，清香引出洞中仙。

小有天：道道无常道，天天小有天。

烤肉宛：室雅何须大，花香不在多。

天然居：客上天然居，居然天上客。

新丰楼饭庄：新人新菜新风味，丰衣丰食丰收年。

新丰美酒传千载，稷下佳肴誉万家。

谭家菜（1934年）：更筑园林负城郭，九华仙洞七香轮。

同和居饭庄：同仁均好客，和气便生财。

见贤思齐，且把生地作熟地；得味忘鲁，却道他乡是故乡。

全聚德烤鸭店：香熏一宇，德聚全城。

全雪羽之绮筵，玉脍金齑重寰宇；聚德兴于雅座，凤肝鸾脯自天厨。

康乐餐厅：饮且食寿而康，乐无事日有喜。

康居犹问桃花泛，乐趣还添竹叶青。

入馆话康年，且排开雅座，漫评春夏风光秋冬气象；进餐成乐事，喜邀集高朋，细品川滇美味浙闽佳肴。

便宜坊烤鸭店：出外居家两便，佐餐下酒咸宜。

顾客如称便宜，则皆大欢喜；焖炉不同挂烤，乃各有千秋。

东来顺饭庄：涮烤佳肴名远播，烹调美味誉东来。

烤肉季饭庄：画楼醉看粼粼水，炙味飘香淡淡烟。

客旅京华，问到季家何处？香浮什刹，引来银锭桥边。

鸿宾楼饭庄：鸿渐于陆，宾至如归。

鸿鹄高飞，志在千里；宾朋满座，亲如一家。

鸿雪有因缘，层次登楼寻旧座；宾朋多俊彦，几番至席款新知。

广松殿饭庄：使我有名全是酒，到君居处尽开颜。

东兴楼饭庄：北京城中北方馆，北方八家曾称首；东直门内东兴楼，东兴二度又飘香。

泰丰楼饭庄：味尊齐鲁宗风，举酌常神游泰岳；宾悦春秋佳日，凭窗正目接丰碑。

砂锅居：名震京都三百载，味压华北白肉香。

致美斋：鱼肴广有百名，风味致美；鸡馔独树一帜，声誉诚高。

萃华楼饭庄：萃美罗珍，数不尽脆嫩甘肥，色香清雅；华筵盛会，祝一杯富强康乐，歌舞欢欣。

茶膳房：神鼎上方调六膳，官壶春色酿三浆。

茶馆：客至心常热，人走茶不凉。

酒馆：酒里乾坤大，壶中日月长。

莫道此店酒味薄，开坛能香十里多。猛虎一杯山中醉，蛟龙两盏海底眠。

水如碧玉山如黛，酒满金樽月满楼。酒闻十里春无价，

醉酌三杯梦亦香。

酒气冲天，飞鸟闻香化凤；糟粕落地，游鱼得味成龙。

东兴酒店：东不管，西不管，酒管（馆）；兴也罢，衰也罢，喝罢（吧）！

韩江酒楼：韩愈送穷，刘伶醉酒；江淹作赋，王粲登楼。

什刹海酒馆：四座了无尘事在，八窗都为酒人开。

歇后语、谚语、行话和隐语

歇后语

小葱拌豆腐——一青（清）二白

卤水点豆腐——一物降一物

马尾毛拴豆腐——提不起来

豆腐掉在灰堆里——吹不得，打不得

豆腐渣包包子——捏不到一起

豆腐渣贴对子——不粘

冻豆腐——难拌（难办）

臭豆腐——闻着臭，吃着香

咸菜拌豆腐——有盐（言）在先

擀面杖吹火——一窍不通

猴吃麻花——满拧

开锅煮汤圆——老是（实）滚

砂锅捣蒜——一锤子买卖

坛子里的豆芽——伸不开腰

一根筷子吃面——独挑

一根筷子吃藕——挑眼

肉包子打狗——有去无回

油炸麻花——干脆

茶壶里煮饺子——肚里有倒不出来

吊炉烧饼——倒贴

北京鸭吃食——全靠填（天）

砧板上的鱼肉——任人宰割

拼死吃河豚——犯不着

热锅上的蚂蚁——走投无路

鸡蛋里挑骨头——没事找事

茶杯盖上放鸡蛋——靠不住

挂羊头卖狗肉——名不副实

卖鸡子的换筐——倒（捣）蛋

煮熟的鸭子——飞不了

属黄花鱼的——溜边儿走

螃蟹过马路——横行霸道

腊月里卖凉粉——不是时候

刀切藕——片片有眼

湿手和面——摔（甩）不掉

谚语

饮了雄黄酒，百病都远走。

饿了吃糠甜如蜜，饱了吃蜜也不甜。

行话和隐语

行话即行业用语，是在某个行业内通用的专业语言。隐语是密语、暗话，包括谜语、黑话（江湖语言）。二者之间既有区别又有关联。它们同是普通话（或方言）的代称、改称、匿称，流行于一定范围的人群中，在中国已有数千年的历史。行话、隐语，在一定地区、一定社会集团、一定职业活动中广泛流行。这些行话、隐语主要是依靠师徒传授而传递，因而形成了一种在特定环境中的特殊行业生活习俗。

行话　旧社会饮食行业中的行话十分丰富，如面案称白案、肉案称红案、顾客剩下的酒称摇铃酒、虾米称金钩、鱼称摆尾、鱼鳍称划水、鱼尾称甩水等。更多的是菜肴名称，北京饭馆里用鸡蛋做的菜，忌讳一个“蛋”字，故用别名代替，如煎鸡蛋称摊黄菜，炒鸡蛋称熘黄菜，炒鸡蛋黄称三不沾，鸡蛋汤称木须汤等。有些菜名如不说明，外行就不明白。

在《中国风味菜肴》《仿膳菜谱》《京剧菜谱》等书中，菜名与主料行话就记有：玉凤还朝—肥嫩鸭子（前是菜名，后是主料，下同），金凤卧雪莲—肥嫩母鸡，凤凰趴窝—母鸡、鸽蛋，嫦娥知情—鸡脯肉、虾仁，游龙绣金钱—鳝鱼、虾仁，游龙戏凤—鱿鱼、鸡脯肉，龙抱凤蛋—鳝鱼、鸡蛋，枯木回春—鲜虾仁、鸡脯肉，鱼藏剑—鳜鱼、黄瓜，它似蜜—羊里脊肉，炸佛手—猪肉、蛋皮，樱桃肉—猪肋条肉，红娘自配—大虾、猪里脊肉，乌龙吐珠—海参、鹌鹑蛋，如意卷—猪肉、鸡蛋皮，炸卷果—瘦牛羊肉、饹馇、油皮，扒海羊—鱼翅、羊杂碎，糟熘三白—鱼肉、鸡肉、玉兰片，油爆双脆—猪肚头仁、鸡胗，翡翠羹—菠菜叶、鸡肉脯，烧南北—竹笋、口蘑，烧二冬—冬菇、冬笋，炮煳—猪肘，卷尖—猪肉、鸡蛋，赛螃蟹—鳜鱼、鸡蛋，炸春段—鸡蛋、冬笋、鸡肉、海参、香蘑等，炒弯老—虾仁，氽五丝卷—肥猪膘、火腿、香菇、冬笋、黄蛋皮。

在隐而不现的菜名中，最典型的是“全羊席菜单”。共有菜肴 120 个，点心 16 种，分四道上菜，各道菜的主料尽管全是羊身上的不同部位，但在所有菜名中不露一个“羊”字，均以形象相似、寓意深刻、比拟确切的别名代替。在《鸿宾楼菜谱》中就记有全羊席冷菜、大件、小菜、饭菜的行话。其中，冷菜主料菜名行话有：采闻灵芝—羊鼻子，吉祥如意—羊脊髓，凤眼珍珠—羊眼睛，七孔设台—羊心脏，千层梯丝—羊舌，文臣虎板—羊排骨，水晶明肚—羊肚，烤红金枣—羊里脊。大件菜名行话有：酿麒麟顶—羊盖头，鹿茸凤穴—羊鼻子，金铳星唇—羊上唇，金熠翠绿—羊肉。小菜菜名行话有：凤眼玉珠—羊眼睛，天开泰仓—羊耳根，百子葫芦—散丹口、葫芦门，扣焖鹿肉—熟羊肉，菊花百立—羊脊髓，金丝绣球—羊肚脏，甜蜜蜂窝—羊肚子，宝寺藏金—干羊肉，虎保金丁—鲜羊肉，御展龙肝—羊腰子，彩云子箭—羊肺脏，冰雪翡翠—羊尾巴。饭菜行话有：丝落水泉—羊舌头，丹心宝袋—羊肉、散丹、羊心，八仙过海—羊肚、心、胸、葫芦、散丹、腰子、肝、蹄，青云登山—羊蹄肉。

隐语 在饮食业中，原料的隐语有：利润子—猪肉，顺风—猪耳朵，天堂地—猪肉，口条—猪舌头，大挂子—猪肚，千口—猪舌头，叶子—猪肺，带子—猪肠，胆生—猪肝，滑子—猪油，顶子—猪头，扁口—熟全鸭，滚盘—蛋，虎爪—生姜，高头—鹅，八木—米，高叫—鸡，白头—面，凤凰—鸡，哮老—醋，沙粒—盐，沙油—酱，麻头—辣椒，黑水—酱油，红油—辣油，滑儿—食油，甜头—糖，滑老—香油。

食品的隐语有：对合—水饺，贴笼—蒸饺，皮子—馄饨，皮笼—大饼，月照子—馄饨，白老腻口—白米粥（京米粥），满口—烧饼，稀尖—粽子，大满—大烧饼，油杆儿—油条，炙罗—煎饼，开花—烧麦（卖），气块—馒头，气罗—包子，球子—肉包子，如旨散—米饭，稀—汉饭，荷包—米粉肉，桃花散—小米饭，红作—酱羊头，白作—白水羊头。

饮食业用具隐语有：平面—桌子，桥梁—凳子，羽大—桌帏，平念—椅子，过口—汤匙，兜子—铁锅，划子—汤匙，深兜—大铁锅，毛树—竹制筷子，汤柱子—汤锅，木棒—木制筷子，团饭—锅盖，骨沙—骨制筷子，探水—勺（铜制的），手沙—毛巾，砂子桶—盛盐用的缸、坛、桶、罐，衬片—砧板，车环—茶壶，油方、拓郎、随手—抹布，堂彩—小费，帛子—金钱，围本—铜元，红腾焰—铜钱。

饮食业的隐语在其他方面的还有：散作—饭庄外会，散包—口子厨师外会，落作—准备筵席用的时间较长、做工精细，爆抓—以最快的速度完成一桌菜肴的制作，压淋—喝茶，承头人—经理或承包外会的领头人，行老 一工头，行菜一伙计、干活的厨师，外挎人一来本店帮忙的厨师（也简称“外挎”）。

饭馆里跑堂的叫菜是另一种隐语，如顾客说：“来一碗面二两酒。”跑堂的会用别样的腔调向灶上叫道：“来碗牛头马！”“打二两六七八！”第一句隐去了一个“面”字，以“牛头马”代替；第二句隐去了一个“酒（九）”字，以“六七八”代替。这在隐语中叫做“借词点尾”，是饭馆隐语中的又一特色。

在《商业文化》（1995年第6期57页）和《中国秘密语》书中，记载酒业隐语有：三酉儿（拆字法）一酒，三六子一酒，浆头一酒，硬货一高粱酒，亭子一酒壶，亭子、坑子一酒壶、酒盅，浆斗一酒杯，软货一老酒，求浆头一喝酒，孝贞一上等好酒，山高一喝多了，本色一一般酒，山一酒，市庄一一般酒，山香一酒，拆庄一下等酒，山老一酒，酝绿一酒，浪同一酒，喧老一酒，海老一酒，大户一酒量大，上和酿一给顾客上菜，小户一酒量小，阳春一给顾客上第一碗饭，添头一给顾客上第二碗饭，分头一给顾客上第三碗饭，尺八一儿童。

有的隐语是以诗的形式表达。在《商业文化》（1995年第2期60页）书中记有：一个酒店卖酒往酒里对水，老板、伙计、顾客的问话、答话和顾客（内行）的反映都不说“水”。老板问：金木火土事如何？伙计答：扬子江中已掺和。顾客说：有钱不买拖泥带！老板回应：别处青山绿更多。

餐饮杂咏

饮食服务行业与人们的生活息息相关。在历史演进的过程中，许多文人、墨客、一般顾客和本行业的从业人员喜欢用诗词歌赋来描述、称道菜肴和店铺，以反映心声。日积月累，关于饮食的诗词杂咏便成为该行业文化的一个组成部分。

店铺杂咏

都一处：

一杯一杯复一杯，酒从都一处尝来；

座中一一糟邱友，指点犹龙土一堆。

《清代北京竹枝词·续都门竹枝词》63 页

京都一处共传呼，休问名传实有无；

细品瓮头春酒味，自堪压倒碎葫芦。

《清代北京竹枝词·增补都门杂咏》102 页

东来顺及西来顺：

东来顺及西来顺，羊肉专家谁与竞；

炉火熊熊生片烧，好酒一壶立饮尽。

《北京风俗杂咏续编·故都杂咏》96 页

烤肉宛：

安儿胡同牛肉宛，兄弟一家尽奇才；

切肉平均无厚薄，又兼口算数全该。

《北京风俗杂咏续编·首都杂咏》176 页

柳泉居：

刘伶不比渴相如，豪饮唯求酒满壶；

去去且寻谋一醉，城西道有柳泉居。

《北京风俗杂咏续编·首都杂咏》209 页

致美斋：

包得馄饨味胜常，馅融春韭嚼来香；

汤清润吻休嫌淡，咽后方知滋味长。

《清代北京竹枝词·都门杂咏·食品门》80 页

正阳楼：

烤涮羊肉正阳楼，沽饮三杯好浇愁；

几代兴亡此楼在，谁为盗跖谁孔丘。

《商业文化》1997 年第 6 期 38 页

东兴楼：

楼号东兴未有楼，万钱一食傲王侯；

如今盛唱平民化，小吃争趋馅饼周。

《北京风俗杂咏续编·都门竹枝词》246 页

来今雨轩：

楸枰玉局静无哗，今雨轩西坐品茶；

一自吴生东渡后，不堪刘顾更天涯。

《北京风俗杂咏续编·故都竹枝词》248 页

馅饼周：

鲈鲙莼羹江上秋，季鹰香味最风流；

宣南夜半高轩过，煤市街东馅饼周。

《北京风俗杂咏续编·故都竹枝词》250 页

会贤堂：

什刹海畔景色优，前人房地后人收；

昔日帝王“堂”前燕，飞入辅仁校友楼！

《京华胜地什刹海》155 页

灶温：

不独官衙泯旧痕，酒炉风雅几家存？

当年耆旧临餐地，更与何人说灶温。

《北京风俗杂咏续编·故都竹枝词》244 页

隆福寺街说灶温，烂面白细卤汁醇；

店堂以内刀勺响，食客都是一般人。

《北京的商业街和老字号》63 页

东黔阳与西黔阳：

东黔阳与西黔阳，不料贵州有食堂；

入饮茨梨一壶酒，故乡风味又亲尝。

《北京风俗杂咏续编·故都杂咏》95 页

福兴居与便宜居：

福兴居与便宜居，饭馆取名都太粗；

偏合西南人口味，辣椒多著问何如。

《北京风味杂咏续编·故都杂咏》95 页

醉琼林：

菜罗中外酒随心，洋式高楼近百寻；

门外电灯明似昼，陕西深巷醉琼林。

《清代北京竹枝词·京华百二竹枝词》134 页

碎葫芦：

闲来肉市醉琼酥，新到莼鲈胜碧厨；

买得鸭雏须现炙，酒家还让碎葫芦。

《北平风俗类征·饮食》199 页 1988 年重印

马家元宵：

桂花香馅裹胡桃，江米如珠井水淘；

见说马家黏粉好，试灯风里卖元宵。

《北京风土趣话》354 页

菜肴杂咏

爆烤涮：

立秋时节竞添膘，爆涮何如自烤高；

笑我菜园无可踏，故应瘦损沈郎腰。

《北京风俗杂咏续编·旧京秋词》150 页

烤肉：

宣武城边夕照黄，马家食品快先尝；

停车不耐罗衣冷，一阵风吹烤肉香。

《北京风俗杂咏续编·首都杂咏》181 页

烤羊肉：

浓烟熏得泪潸潸，柴火光中照醉颜；

盘满生膻凭一炙，如斯嗜尚近夷蛮。

《故都食物百咏》

烧羊肉：

喂羊肥嫩数京中，酱用清汤色煮红；

日午烧来焦且烂，喜无膻味腻喉咙。

《清代北京竹枝词·都门杂咏·食品门》81 页

菊花火锅：

昆明湖鲤出清波，紫蟹初肥荐白河；

更摘寒英堆满案，招朋同试菊花锅。

《北京风俗杂咏续编·旧京秋词》152 页

酱羊肉：

朔风凛冽雪漫漫，畅饮围炉可御寒；

佐酒佳肴酱羊肉，五香隽味出长安。

《故都食物百咏》

汤爆肚：

入汤顷刻便微温，作料齐全酒一樽；

齿钝未能都嚼烂，囫囵下咽果生吞。

《故都食物百咏》

羊肚汤：

纵使荤腥胜苦畲，充饥何必饮灰泥；

清贫难得肥甘味，莫笑卫生程度低。

《故都食物百咏》

烤牛肉：

严冬烤肉味堪饕，大酒缸前围一遭；

火炙最宜生嗜嫩，雪天争得醉烧刀。

《北平风俗类征·饮食》212 页

东坡肉：

原来肉制贵微软，火到东坡腻若脂；

象眼截痕看不见，啖时举箸烂方知。

《清代北京竹枝词·都门杂咏·食品门》80 页

酱肘子：

酱肘独称天福号，肥甘香烂冠同侪；

老馋若欲尝鲜味，记取西单大市街。

《故都食物百咏》

清酱肉：

故都肉味比江南，清酱腌成亦美甘；

火腿金华广东腊，堪为鼎足共称三。

《故都食物百咏》

煎灌肠：

猪肠红粉一时煎，辣蒜咸盐说美鲜；

已腐油腥同腊味，屠门大嚼已堪怜！

《故都食物百咏》

烧鸭子：

作俑何人把鸭烧？填来强使长肥膘；

春明美味群称道，一脔真堪厌老饕。

《故都食物百咏》

卤煮鸡熏鸡：

朱朱唤到叫胶胶，不必翻金论翅骹；

酱炖烧熏兼卤煮，用来浮白是佳肴。

《北京风俗杂咏续编·咏北京食物》202页

主食和小吃杂咏

馒首：

馒头车子满街推，吆喝声中送货来；

三角演成新恋爱，家人心事费疑猜。

平民食品说家常，唯有馒头出屉香；

此是人生需要物，清晨小贩往来忙。

《北平旅行指南》7页 1935年

大馒头：

山东惯制大馒头，玉面新蒸软实柔；

一样砂糖和麦粉，京华到底不相侔。

《北平风俗类征·饮食》220页

硬面饽饽：

饽饽沿街运巧腔，余音嘹亮透灯窗；

居然硬面传清夜，惊破鸳鸯梦一双。

《北平风俗类征·饮食》220页

花糕：

中秋方过近重阳，又见花糕各处忙；

面夹双层多枣栗，当筵题句傲刘郎。

《清代北京竹枝词·增补都门杂咏·食品》100页

窝窝头：

菱糕切玉秫黄窝，午膳居然玉食罗；

饭饱湖滨同啜茗，夕阳明处见残荷。

《北京风俗杂咏续编·旧京秋词》150页

窝头粥：

久闻生活甚低廉，贫不愁过富不嫌；

两个窝头一碗粥，饱餐不到十文钱。

《北京风俗杂咏续编·故都杂咏》95页

春饼：

窗前初闻鸟声清，又是打春在新正；

富家人们食春饼，萝卜亦作咬春名。

《北京风俗杂咏续编·燕京竹枝词》163页

蒸饼：

重罗白面正新蒸，红枣椒盐热气腾；

柔软甘香真适口，盘中叠得一层层。

《故都食物百咏》

五毒饼：

端午龙舟竞渡欢，新奇制饼列金盘；

饼形无异花纹异，大胆能将五毒餐。

《故都食物百咏》

煎饼：

传闻煎饼是宜春，裹得麻花味特新；

今日改良多进步，一年四季市间陈。

《故都食物百咏》

包子：

包儿种类最繁多，新屉声声现出锅；

荤素甜咸别回汉，尝来几个味如何？

《故都食物百咏》

馅饼：

居处长安未足忧，平民食物尽堪求；

至今煤市街前过，犹有当年馅饼周！

《故都食物百咏》

水饺：

略同汤饼赛新年，荠菜中含著齿鲜；

最是上春三五日，盘餐到处定居先。

《清代北京竹枝词·燕台竹枝词》89页

烫面饺：

穿街过巷小车推，饺子包成入釜炊；

新屉一盘堪大嚼，从来好吃不是吹。

《故都食物百咏》

蟹肉烧卖：

小有余芳七月中，新添佳味趁秋风；

玉盘擎出堆如雪，皮薄还应蟹透红。

《清代北京竹枝词·都门杂咏》80页

卖馄饨：

吆喝馄饨开了锅，碗中五味喜调和；

街头食品平民化，赚利原来并不多。

一碗铜圆五大枚，薄皮大馅亦豪哉；

街头风雨凄凉夜，小贩肩挑缓缓来。

《北平旅行指南》7页1935年

馄饨：

馄饨过市喊开锅，汤好无须在肉多；

今世不逢张手美，充饥谁管味如何！

《故都食物杂咏》

鸡面：

面白如银细若丝，煮来鸡汁味偏滋；

酒家唯趁清晨卖，枵腹人应快朵颐。

《清代北京竹枝词·都门杂咏》80页

饸饹：

饸饹条儿细且长，群言隽味在酸凉，

价廉却合平民化，终恐食多害胃肠。

《故都食物百咏》

卖粽子：

江米包来粽叶香，大家准备过端阳；

赚钱哪管人辛苦，小贩街头叫卖忙。

时逢初夏气清和，食品当然要揣摩；

巷尾街头真热闹，推车吆喝枣儿多。

《北平旅行指南》7页1935年

粽子：

更谁湘水吊灵均，益智徒传菰叶新；

角黍于今成故事，端阳时节馈嘉宾。

《故都食物百咏》

老玉米：

五月尝新五月鲜，老农辛苦种春田；

黄粱虽厌乡人口，不及都人惯占先。

《故都食物百咏》

烤白薯：

白薯经霜用火煨，沿街叫卖小车推；

儿童食品平民化，一块铜钱售几枚。

热腾腾的味甜香，白薯居然烤得黄；

利觅蝇头夸得计，始知小贩为穷忙。

《北平旅行指南》10页1935年

新传烤薯法唐僧，滋味甘醇胜煮蒸；

微火一炉生桶底，煨来块块列层层。

《故都食物百咏》

煮白薯：

白薯传来自远番，无虞凶旱遍中原；

应知味美唯锅底，饱啖残余未算冤。

《北京风俗杂咏续编·咏北京食物》203页

大麦米粥：

香甜滑腻汁稠浓，豆麦熬成一色红；

适口充肠堪果腹，问名却叫米双弓。

《故都食物百咏》

粳米粥：

粥称粳米趁清晨，烧饼麻花色色新；

一碗果然能果腹，争如厂里沐慈仁。

《北京风俗杂咏续编·咏北京食物》203页

豌豆粥：

燕京豌豆大行销，豆馅豆黄与豆苗，

豌豆粥儿无别味，新年腊底趁良朝。

《故都食物百咏》

甜浆粥：

豆粉为糜腻似胶，晓添活火细煎熬；

蔗香搅入甘香发，润胃无烦下浊醪。

《清代北京竹枝词·燕台竹枝词》88页

豆汁粥：

糟粕居然可作粥？老浆风味论稀稠；

无分男女齐来坐，适口酸咸各一瓯。

《故都食物百咏》

年糕：

年糕寓意稍云深，白色如银黄色金；

年岁盼高时时利，虔诚默祝望财临。

《故都食物百咏》

豆面糕（驴打滚）

红糖水馅巧安排，黄面成团豆面埋；

何事群呼“驴打滚”？称名未免近诙谐。

《燕都小食品杂咏》

切糕：

燕市推车卖切糕，白黄枣豆有低高；

凉宜夏日冬宜热，一块一沾一奏刀。

《故都食物百咏》

扒糕：

清凉食品味调和，作料掺匀给得多；

夏日故都风景好，扒糕车子似穿梭。

荞麦搓团样式奇，冷餐热食各相宜；

北平特产人称羡，醋蒜还加萝卜丝。

《北平旅行指南》1935 年

甑儿糕：

担凳炊糕亦怪哉，手和糖面口吹灰；

一声吆喝沿街过，博得儿童叫买来。

《故都食物百咏》

水晶糕：

绍兴品味制来高，江米桃仁软若膏；

甘淡养脾疗胃弱，进场易买水晶糕。

《清代北京竹枝词·都门杂咏·食品门》80页

太阳糕：

一岁一回祀太阳，太阳鸡象近荒唐；

香糕为供陈庭院，故事流传更渺茫！

《故都食物百咏》

豆腊糕：

豆腊糕儿价值廉，盘中个个比鹣鹣；

温凉随意凭君择，洒得白糖分外甜。

《故都食物百咏》

元宵：

才看沉底倏来漂，灯夕家家用力摇；

卖去大呼一子俩，时当洪宪怕元宵。

《北京风俗杂咏续编·首都杂咏》171页 1987年4月

艾窝窝：

形似元宵不用摇，豆黄玫瑰馅分包；

外皮已熟无须煮，入口甘凉制法高。

《北京风俗杂咏续编·首都杂咏》156页 1987年4月

江米藕：

江米都填藕孔中，新蒸叫卖巷西东；

切成片片珠嵌玉，甜烂相宜叟与童。

《故都食物百咏》

江米酒：

光阴游水咸居诸，又把新桃换旧符；

生意兴隆元旦日，酒称江米饮屠苏。

《故都食物百咏》

小炸食：

全凭手艺制将来，具体而微哄小孩；

锦匣蒲包装饰好，玲珑小巧见奇才。

《故都食物百咏》

炸三角：

三角炸来香且脆，卤为馅子面为皮；

价廉物美平民化，买得充餐可疗饥。

《故都食物百咏》

酥烧饼：

干酥烧饼味咸甘，形有圆方贮满篮；

薄脆生香堪细嚼，清新食品说宣南。

《故都食物百咏》

焖炉烧饼：

烧饼圆圆入焖炉，馅分什锦面皮酥；

金台佳制名闻久，异地相充总不如。

《故都食物百咏》

烧饼麻花：

麻花烧饼说都门，名色繁多恣饱吞；

适口价廉随处有，一年四季日晨昏。

《故都食物百咏》

糖耳朵蜜麻花：

耳朵竟堪作食耶，常偕伴侣蜜麻花；

劳声借问谁家好？遥指前边某二巴。

《故都食物百咏》

酥盒子：

佳节天中剪艾蒲，端阳好画赤灵符；

城隍庙里人如蚁，盒子煎来分外酥。

《故都食物百咏》

月饼：

红白翻毛制造精，中秋送礼遍都城；

论斤成套多低货，馅少皮干大半生。

《清代北京竹枝词·增补都门杂咏·食品门》100页

中秋佳节与新年，巧手何人制饼圆？

像取蟾宫陈月下，形成宝塔供神前。

《故都食物百咏》

豌豆黄：

从来食物属燕京，豌豆黄儿久著名！

红枣都嵌金屑里，十文一块买黄琼。

《故都食物百咏》

蒸芸豆：

芸豆新蒸贮满篮，白红两色任咸甘；

软柔最适老人口，牙齿无劳恣饱餐。

《故都食物百咏》

卖豌豆：

豌豆抓来干嚼香，手中粒粒色金黄；

暑天雨过多泥淖，小贩投机叫卖忙。

儿童无事可消磨，叫卖商标有筐箩；

豆子一升盐水煮，买来给的是真多。

《北平旅行指南》8 页 1935 年

煮豌豆：

沿街雨后喊牛筋，豌豆新蒸趁夕曛；

浸透五香堪细嚼，未经吹绉已成纹。

《北京风俗杂咏续编·咏北京食物》203 页

油茶面：

一瓯冲得味殊赊，牛骨髓油炒面茶；

不比散拿吐瑾好，却来说品产吾华。

《故都食物百咏》

面茶：

午梦初醒热面茶，干姜麻酱总须加；

元宵怕在锅里煮，调侃诙言意也赊。

《故都食物百咏》

杏仁茶：

清晨市肆闹喧哗，润肺生津味亦赊；

一碗琼浆真适口，香甜莫比杏仁茶。

《故都食物百咏》

携来绝妙雨前茶，苦水烹煎味迥差；

何物最能消酒渴，提壶人卖杏仁茶。

《光绪都门纪略戏园诗》

牛奶酪：

新鲜美味属燕都，敢与佳人赛雪肤；

饮罢相如烦渴解，芳生齿颊润于酥。

《故都食物百咏》

奶酪：

闲向街头啖一瓯，琼浆满饮润枯喉；

觉来下咽如脂滑，寒沁心脾爽似秋。

《北平风俗类征·饮食》206页

奶茶：

奶茶有铺独京华，乳酪如冰浸齿牙；

名唤喀拉颜色黑，一文钱买一杯茶。

《清代北京竹枝词·草珠一串·饮食》54页

茶汤：

大铜壶里炽煤柴，白水清汤滚滚开；

一碗冲来能果腹，香甜最好饱婴孩。

《故都食物百咏》

清汤：

京城各种称南式，珍错烹调味足尝；

大蒜胡椒都不同，于今一样要清汤。

《北平风俗类征·饮食》208页

卤煮炸豆腐：

油煎豆腐角三尖，椒水一锅渍白盐；

油煮声声来午夜，竹城战士兴增添。

《北京风俗杂咏续编·咏北京食物》202页

老豆腐：

雪肤花貌认参差，已是抛书睡起时；

果似佳人称半老，犹堪搔首弄风姿。

《故都食物百咏》

豆腐脑：

豆腐新鲜卤汁肥，一瓯隽味趁朝晖；

分明细嫩真同脑，食罢居然鼓腹归。

《故都食物百咏》

豆腐浆：

云英不必捣元霜，应感淮南菽水香；

食罢一瓯真如醉，醍醐何异饮琼浆。

《故都食物百咏》

豆汁：

一锅豆汁味甜酸，咸菜盛来两大盘；

此是北平新食品，请君莫作等闲看。

麻花咸菜一肩挑，矮凳居然有几条；

放在街头随便卖，开锅豆汁是商标。

《北平旅行指南》7页1935年

豆汁燕京素有名，临时设肆费经营；

座中绿女红男满，一片喧哗笑语中。

《北京风俗杂咏续编·厂甸竹枝词》154页

凉粉：

粉有拨鱼与刮条，洁明历历水中漂；

凭君选择凭君饱，只管酸凉不管消。

《故都食物百咏》

后　记

《北京的饮食》一书，是《京华通览》系列丛书中的一个分册，主要记载北京饮食的发展及其产生的文化。民以食为天，食是人类生存发展需要解决的首要问题。北京独特的自然、社会、人文，为北京的饮食业发展提供了丰厚的物质条件和精神营养。北京在 70 万年前即有人类活动，在 3000 多年前就产生了城市，在近 1000 年来曾成为五朝帝都，中华人民共和国成立后又成为首都，是世界各国人民交往的中心。悠久的历史使北京的饮食业门类多样、精品荟萃、博大精深，文化底蕴深厚，习俗氛围浓郁，独有地方特色。北京的饮食，在北京发展的各个历史时期，都产生着重要的影响。特别是 20 世纪 70 年代国家实行改革开放以后，人民生活水平提高，对外交往扩大，舌尖上的诱惑成为北京城市繁荣亮丽的风景线。北京的饮食，在增强首都服务功能、满足居民日益增长的生活需要、发展旅游事业和建设现代化国际城市中，发挥了重要作用。《北京的饮食》一书的内容，按饮食行业的经营类型划分，重点记载了中餐馆、西餐馆、酒馆、茶馆、汉民馆、清真馆等；记载的菜肴风味主要有宫廷菜、官府菜、北京菜、外地菜和西餐。书中所用的资料,绝大部分取自《北京饮食服务志》。值《北京的饮食》付梓之际，特向《北京饮食服务志》的编纂者表示感谢，向所有为《北京的饮食》一书提供资料、支持帮助的朋友表示感谢。

编　者

2018 年 3 月